下一代
数字体验平台

从架构设计到业务赋能

[印度] 沙伊莱什·库马尔·希瓦库马尔(Shailesh Kumar Shivakumar)
[印度] 索拉布·塞蒂(Sourabhh Sethii) 著

彭芃 褚洪洋 周正 译

中国科学技术出版社

·北 京·

图书在版编目（CIP）数据

下一代数字体验平台：从架构设计到业务赋能 / (印) 沙伊莱什·库马尔·希瓦库马尔 (Shailesh Kumar Shivakumar), (印) 索拉布·塞蒂 (Sourabhh Sethii) 著 ; 彭芃 , 褚洪洋 , 周正译 . 北京 : 中国科学技术出版社 , 2025. 8. -- ISBN 978-7-5236-1499-0

Ⅰ. TP311.52-62

中国国家版本馆 CIP 数据核字第 2025EK4968 号

策划编辑	郝　静　王秀艳	**责任编辑**	孙　楠
封面设计	北京潜龙	**版式设计**	愚人码字
责任校对	焦　宁	**责任印制**	李晓霖

出　　版	中国科学技术出版社
发　　行	中国科学技术出版社有限公司
地　　址	北京市海淀区中关村南大街 16 号
邮　　编	100081
发行电话	010-62173865
传　　真	010-62173081
网　　址	http：//www.cspbooks.com.cn

开　　本	710mm × 1000mm　1/16
字　　数	245 千字
印　　张	16.25
版　　次	2025 年 8 月第 1 版
印　　次	2025 年 8 月第 1 次印刷
印　　刷	大厂回族自治县彩虹印刷有限公司
书　　号	ISBN 978-7-5236-1499-0
定　　价	89.00 元

推荐序

在当下的商业语境里，“数字化”已成为最具穿透力的关键词。银行要面对碎片化的零售场景，电商要迎合千人千面的消费偏好，制造企业则需在供应链与工厂之间打通实时数据流。但真正有价值的数字化，并非只是上线一款炫目的 App，或把线下流程原封不动搬到线上，而是要用平台化的思维，铺设一条连接客户、员工与系统的“高速公路”，让每一次交互都精准、顺畅、愉悦。

《下一代数字体验平台：从架构设计到业务赋能》的上市正逢其时。本书用最具操作性的框架回答了企业级数字化的核心命题：如何设计并搭建一座“全景式”平台，真正打通“人—业务—数据—系统”，让技术成为提效降本、深耕用户关系的利器。作者提出的 DXP（Digital Experience Platform）概念，是强调“以用户为中心的交互平台”，通过统一视图、跨触点体验与轻量级服务，重塑客户旅程中的每一个细节。

本书有几个特别的地方：

- 它不是空谈趋势，而是清晰讲解一个数字平台的设计、集成、落地，甚至包括测评效果。
- 它不只讲 IT 技术，同时也讲了用户体验、内容管理、安全架构和多渠道支持。
- 它列举了很多实际案例和图示，尤其是在银行领域的应用。

作者用“六层一体”的方法论对 DXP 进行拆解：触点层定义全渠道入口，界面层塑造一致体验，集成层借 API（应用程度编程接口）网关与 ESB（企业服务总线）汇聚服务，持续学习层将人工智能与机器学习嵌入业务循环，数据层构建统一事实来源，基础设施层确保云原生与高可用。这一体系把复杂系统化繁为简，真正实现了“组件复用、弹性扩展、品质内建”的目标。

本书围绕一次开发多端复用、数据统一视图、可插拔架构等黄金准则，列出了从 KPI（关键绩效指标）设计到性能基线、从版本发布到缺陷管理的可执行清单，让架构师、产品经理与决策者都能找到各自的工具箱。例如，“集成视图＋个性化体验”这对组合拳，通过微服务与用户画像的协同，让营销从“大水漫灌”升级为“定向滴灌”；而“敏捷交付＋云托管”则把上线周期从季度级压缩到周级，帮助企业把握市场窗口期。

值得一提的是，书中多次强调安全与合规的重要性——单点登录、零信任、纵深防御、数据加密、多因素认证。只有把安全织入架构底座，数字化成果才不会因一次泄露而毁于一旦。作者还给出了性能测试框架与容量评估方法，可在高并发、低延迟与敏捷迭代之间找到均衡点。

数字化已经不是“做不做”的问题，而是“做得好不好”的问题。数字化是一场没有终点的接力赛。希望你在阅读本书的过程中，能从丰富的案例与方法论中汲取灵感，构建真正“聪明且好用”的数字体验平台；也希望这本书成为你迈向下一代企业应用的新起点：以平台思维为舟，以用户体验为帆，让数据之风驱动业务远航。

王圣元
SignalPlus 执行总监，量化交易研究团队负责人
《快乐机器学习》作者
2025 年 6 月 30 日

CONTENTS
目　录

第一部分　需求与设计

第1章　数字体验平台简介

第2章　需求收集

第 3 章 设计

第二部分　银行体验平台的开发

第 4 章 用户界面设计

第 5 章 集成层设计

第 9 章 DXP 性能优化

第 10 章 将传统银行应用转型为银行体验平台

第 11 章 端到端 DXP 案例研究

第一部分

需求与设计

第 1 章 数字体验平台简介

所有组织的数字化战略主要集中于提供丰富且具有吸引力的客户体验。以客户体验为核心的战略能够提高客户参与度，从而提升关键成功指标，如网站流量、重复访问率、转化率等。

DXP（Digital experience platform，数字体验平台）提供了一套基于平台理念构建的集成技术，贯穿用户整个旅程，DXP 在所有用户触点上提供无缝的用户体验。DXP 将所有以客户为中心的技术进行融合，如内容管理系统（CMS）、门户、分析、营销活动、定向推送、搜索、移动应用等。

依赖数字技术的行业正在经历快速的变革，这主要由以下因素推动：技术敏感型客户期望的不断变化、数字技术的颠覆性创新，以及移动设备的广泛普及。现有的传统企业正在开展数字化转型工作，以满足客户期望并保持竞争力。

企业可以通过提升用户参与度来增加线上收入。用户参与度的提升还能带来交叉销售和追加销售的机会，同时提高用户留存率和客户的终身价值。

数字技术驱动的无边界银行业务

技术敏感型的银行客户希望银行体验能够匹配甚至超越社交媒体平台的最佳体验，因此银行必须了解趋势并不断提升客户的银行体验。数字银行通过以下功能实现了无界且无实体分支的体验支持：

- 通过移动应用程序或移动网页平台实现的移动优先策略。
- 全渠道体验（在所有支持的设备和浏览器上提供无缝的用户体验），确保在所有访问设备上提供最佳用户体验。
- 在整个用户旅程中的所有触点上提供无缝且简化的流程。

- 通过奖励忠诚度维持与客户的长期合作关系。
- 能够灵活应对市场变化、客户需求变化及其他请求。
- 数字化业务模型以促进创新。
- 在添加数字化功能方面实现快速创新。

在接下来的部分中，我们将简要讨论 DXP。

DXP 概述

DXP 主要是以用户为中心的交互平台，提供统一视图和丰富的用户界面，以增强终端用户体验。DXP 采用基于平台的方式，支持所有必要的数字化功能。本书将从多方面探讨数字体验平台，例如用户体验设计、集成、安全等内容。在此基础上，我们将探讨 DXP 的概念，以理解使用 DXP 构建银行体验平台的背景。

在本节中，我们将详细介绍 DXP 的相关内容。

DXP 的关键原则

DXP 的关键原则定义如下：

- **平台导向：**通过一套集成的技术提供展示、内容管理、商业交易、营销搜索、分析、活动管理等功能。该平台模型还应支持未来的可扩展性。
- **精简且敏捷的平台：**配备轻量级的集成组件。精简模型包括轻量级的用户体验与轻量级的服务组件的集成。
- **集成和个性化视图：**全面展示用户在各触点的所有活动。这可以通过整合来自多个信息源的数据并提供个性化体验来实现。
- **提供软件即服务（SaaS）和云部署选项：**将数字体验作为服务提供。
- **提供集成体验：**支持多个业务渠道，如营销、销售和服务。
- **自助服务：**为终端用户和业务利益相关者提供自助服务，以改善用户体验和提高生产力。

- **敏捷性：**在开发新功能和实施变更时具备敏捷性，以应对不断变化的市场需求。

DXP 参考架构

参考架构提供了典型数字体验平台中使用的核心服务和组件。这些服务和组件支持使用 DXP 应用程序所需的业务功能。接下来我们将对这些组件进行详细阐述。

DXP 参考架构如图 1-1 所示。

典型 DXP 平台的核心组件如下所示。我们在每一层中确定了核心组件：

- **用户触点：**这一层包含终端用户在整个旅程中使用的各种数字触点。终端用户可通过智能手机、桌面电脑、平板电脑、第三方服务或可穿戴设备等访问 DXP 服务。用户期望在所有数字渠道中获得设备优化、无缝且个性化的信息访问。所有用户的访问渠道和设备都属于这一层。
- **展示服务：**DXP 提供多种展示服务，以满足各种数字触点的需求。这包括智能手机的移动应用程序、用户界面（UI）框架、移动网页应用的响应式设计、第三方消费者使用的网络服务，以及用于展示测试的 A/B 测试。展示服务主要负责定义用户界面和用户体验。我们将在第 4 章中详细阐述展示服务和用户触点。
- **精简门户服务：**在这一类别中，门户提供各种补充展示功能，如个性化体验（基于终端用户偏好和历史记录的用户体验）、一致的品牌形象、统一视图、表单（用于用户注册和查询等）、SEO[1]（提高网页的可见性）、多语言展示等。
  - **精简门户服务**提供了便于业务操作的控制功能，用于管理页面（页面创建、布局、网络分析、导航）和品牌。
  - 精简门户服务通过聚合来自各种来源的信息，提供个性化内容的一站式视图。

[1] SEO，即搜索引擎优化。——编者注

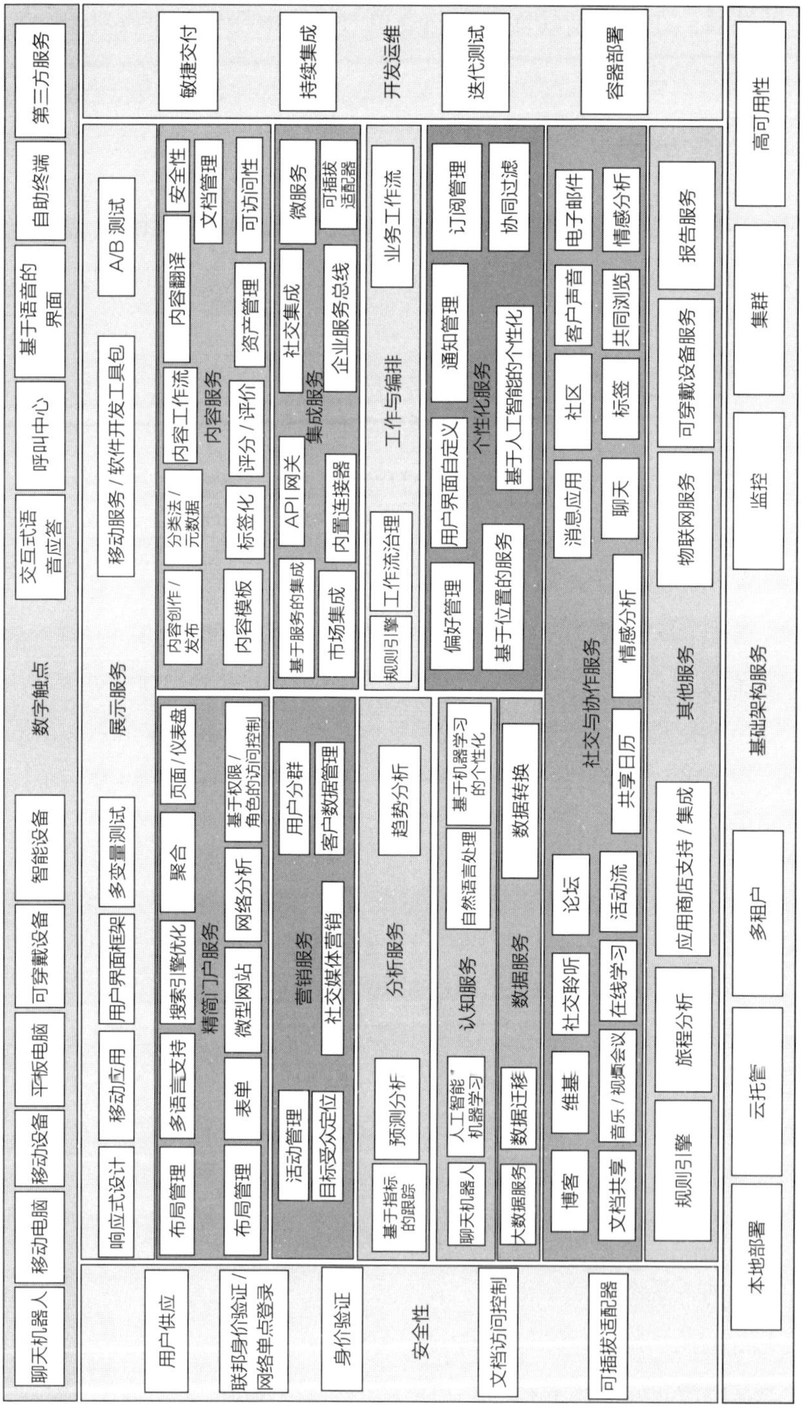
数字触点
聊天机器人
移动电脑
移动设备
平板电脑
可穿戴设备
智能设备
交互式语音应答
呼叫中心
基于语音的界面
自助终端
第三方服务
安全性
用户供应
联邦身份验证 / 网络单点登录
身份验证
文档访问控制
可插拔适配器
展示服务
响应式设计
移动应用
用户界面框架
多变量测试
移动服务 / 软件开发工具包
A/B 测试
精简门户服务
布局管理
多语言支持
搜索引擎优化
聚合
页面 / 仪表盘
表单
微型网站
网络分析
基于权限 / 角色的访问控制
内容服务
内容创作 / 发布
内容模板
分类法 / 元数据
标签化
内容工作流
评分 / 评价
内容翻译
资产管理
安全性
文档管理
可访问性
营销服务
活动管理
目标受众定位
社交媒体营销
用户分群
客户数据管理
集成服务
基于服务的集成
市场集成
API 网关
内置连接器
社交集成
企业服务总线
微服务
可插拔适配器
分析服务
基于指标的跟踪
预测分析
趋势分析
工作与编排
规则引擎
工作流治理
业务工作流
认知服务
聊天机器人
人工智能 / 机器学习
自然语言处理
基于机器学习的个性化
数据服务
大数据服务
数据迁移
数据转换
个性化服务
偏好管理
用户界面自定义
通知管理
订阅管理
基于位置的服务
基于人工智能的个性化
协同过滤
社交与协作服务
博客
文档共享
维基
音乐 / 视频会议
社交聆听
在线学习
论坛
活动流
共享日历
情感分析
消息应用
聊天
社区
标签
客户声音
共同浏览
电子邮件
情感分析
其他服务
规则引擎
旅程分析
应用商店支持 / 集成
物联网服务
可穿戴设备服务
报告服务
开发运维
敏捷交付
持续集成
迭代测试
容器部署
基础架构服务
本地部署
云托管
多租户
监控
集群
高可用性

图 1-1　DXP 参考架构

- 网络分析提供关键的实时客户洞察，帮助理解客户活动和兴趣。这些洞察可以用于客户细分、趋势分析以及定向内容投放 / 上下文推荐。

- **内容服务**：在这一类别中，DXP 提供了多种内容管理服务，如内容创作、内容标签、内容发布、内容翻译等。作为一个集成化平台，它还支持各种内容类型、内容管理、内容模板、内容元数据及其他内容相关服务。此外，文件管理服务、数字资产管理（DAM）服务、内容工作流和元数据管理等附加功能也包含在这一类别中。

  - 内容服务提供内容生命周期管理功能（内容创建、内容更新、内容发布、内容翻译），并支持多种内容类型。
  - 内容服务还提供其他功能，如富文本编辑器、内容工作流等。

- **活动与营销服务**：DXP 的核心功能之一是支持数字化营销活动。为了实现这一点，DXP 提供了多项功能，包括活动管理（定义、启动和监控活动），受众定位（向相关受众发送定向信息），社交媒体营销，用户细分（根据兴趣、访问模式等对用户进行分组）以及客户数据管理（在所有客户触点上统一管理客户数据）。

在这一类别中，DXP 提供了活动管理功能（活动创建、活动定位）和用户细分功能（根据人口统计、兴趣等对终端用户进行分类）。客户数据管理（包括资料数据、偏好数据、交易数据和导航数据）用于了解客户，并提供定向内容。客户数据被用于在仪表板中提供客户数据的单一视图（活动、偏好、交易、动态等）。其他营销功能，如社交媒体营销，也包含在内。

  - 活动和营销服务主要根据用户属性、偏好、分析等提供定向内容。

- **分析服务**：包括基于网页分析的追踪，使用预定义的指标进行趋势分析和预测分析。

- **集成服务**：企业集成是 DXP 最重要的组成部分之一。为了从各种信息源中聚合信息并提供统一的视图，DXP 应支持多种集成格式，并提供灵活且可扩展的集成功能。因此，DXP 提供基于标准的集成方法，如 API 支持、模块化服务、服务支持和插件支持。大多数 DXP

内置支持微服务、REST（表述性状态传输）和基于 JSON（JavaScript 对象表示法）的服务，以及适配主流企业接口［如数据库、企业资源计划（ERP）等］的适配器。

- 内置适配器和集成器提高了终端用户的生产力，并优化了 DXP 的投资回报率（ROI）。
- DXP 提供基于标准的集成选项（如基于 REST 的集成、Web 服务等），可用于与新产品和技术的集成。

- **社交和协作服务**：在此类别中，DXP 提供多种协作功能，如论坛、博客、维基（Wiki）、聊天、知识库、消息工具、社区、日历、电子邮件等。这些功能使终端用户能够共享信息，并促进自助服务模式。社交功能使用户能够协作、利用集体智慧、进行社交并提高生产力。
  - 社交和协作功能使用户能够在社交触点上进行协作并与客户互动。
- **工作流与编排**：DXP 通过工作流建模、可配置的规则引擎和工作流治理，支持设计和实现敏捷化、自动化和动态化的业务流程。
- **搜索服务**：信息发现主要通过搜索功能实现，例如站内搜索、内容搜索和联合搜索。DXP 还支持高级搜索功能，如结果过滤或分面搜索。
  - 搜索服务通过高效的信息发现来提高用户生产力。
- **商业服务**（可选）：根据使用领域的不同，DXP 还提供各种商业服务，如目录管理、订单管理、产品信息管理、库存管理等。
- **认知服务**（可选）：这一类别的服务利用人工智能（AI）、机器学习和自然语言处理方法，可基于收集的洞察提供个性化推荐。
- **数据服务**（可选）：包括与数据处理相关的服务，如大数据服务、数据迁移服务和数据转换服务。
- **基础架构服务**：在此类别中，DXP 提供多种功能，包括支持本地部署、云部署和容器部署（将代码基独立运行以提高稳定性和故障恢复能力），以及多租户模式（单一代码基用于多个用户群体）。此外，DXP 还支持集群、监控等其他高可用性功能。
- **工作流和编排服务**：这些服务主要用于业务流程的编排。此类别包括规则引擎、工作流治理和业务流程建模工具等组件。

- **个性化服务：**个性化交付是所有 DXP 的核心功能之一。该模块包括偏好管理、UI 定制（用户可自定义小组件和页面布局）、通知管理（向用户发送提醒和通知）、订阅管理（启用或禁用用户的订阅）、协同过滤（基于产品属性和类似客户行为等推荐产品），以及基于 AI 的个性化（通过机器学习用户兴趣和活动实现的个性化推荐）。
- **安全性：**在这一类别中，DXP 提供了多种身份验证和授权功能，例如支持访问控制列表、公私钥基础设施、Web 单点登录、可插拔适配器、轻量目录访问协议集成、安全断言标记语言集成以及 NT LAN 管理器集成。我们将在第 6 章和第 7 章中详细讨论安全性。
- **DevOps：**DXP 方法论还支持并使用多种开源的 DevOps（开发运维一体化）功能，如敏捷交付（例如使用 Slack 或 Jira 进行敏捷管理）、持续集成（如 Jenkins）、迭代测试、容器部署（如 Docker 或 Kubernetes）等。
- **其他服务：**DXP 还支持与市场上现有的开源功能进行第三方集成，例如规则引擎，旅程分析（如 Google Web Analytics、Open Web Analytics、Similar Web 等），应用商店支持 / 集成（如谷歌的 Google Play 商店 / 苹果的 Apple App Store），物联网服务（Iotivity），可穿戴设备服务以及报表服务。

DXP 的演变和驱动因素

在本节中，我们将讨论数字平台的各个演变阶段以及 DXP 的关键驱动因素。

数字平台的演变

数字平台的演变阶段和数字生态系统的演变如图 1-2 所示。在初期阶段，网站主要用于信息传递。这些网站需要与多个后端系统和业务运营所需的服务进行集成。

数字生态系统的下一阶段涉及技术平台，如企业门户、CMS、搜索引擎

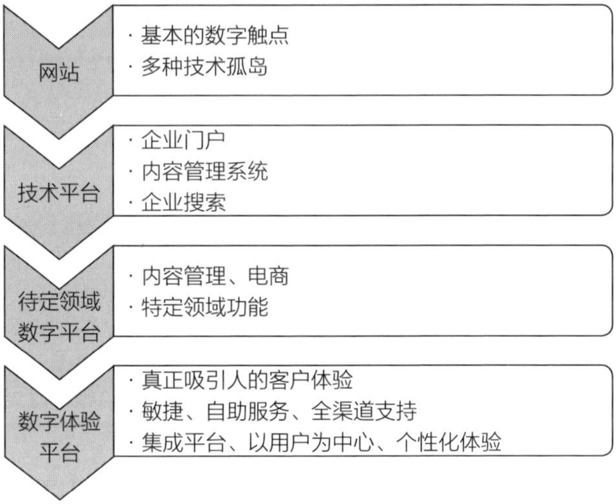

图 1-2 数字平台的演变阶段

和分析引擎。这些技术平台解决了企业应用的特定问题。例如：企业门户主要处理展示、信息聚合和个性化相关的问题；CMS 则管理内容的端到端生命周期，而搜索引擎处理索引和搜索相关的任务。在这一阶段，构建一个数字解决方案需要多个企业产品的配合。

接下来的演变阶段是特定领域的数字平台。例如，CMS 专用数字平台提供了基本的展示、搜索以及用于搜索引擎和营销管理系统的现成集成器或插件。同样，电子商务平台提供了店面门户和基本的内容管理功能。这些围绕核心功能构建的**预构建**或**开箱即用型**功能，减少了需要集成的产品和技术的数量。

DXP 是这一演变过程中的下一步。DXP 提供了一个预集成的技术栈，可以用于并扩展为任何企业的数字解决方案。DXP 解决的一些关键挑战如表 1-1 所示。

表 1-1 DXP 解决的关键挑战

挑战	描述	DXP 如何应对
企业应用程序的技术复杂性	过多的产品和技术增加了整体技术复杂性	DXP 提供了一个预集成的技术栈，并具备构建企业数字解决方案所需的所有功能
	涉及的产品集成过多	

续表

挑战	描述	DXP 如何应对
性能和可用性挑战	传统的网页平台在安装和维护方面往往比较“繁重”，导致性能问题	DXP 基于精简模型构建，提供轻量级 UI 框架 / 产品，以满足丰富的用户体验需求
	过多的集成导致性能、可扩展性和可用性问题	云原生的 DXP 能够有效处理可用性和按需扩展的挑战
生产力挑战	传统平台的内在复杂性增加了实施时间	DXP 可以通过配置和扩展来构建所需的功能
	缺少常用的、可复用的组件和框架	预集成的技术栈和开发工具提高了生产力
与整体数字战略不一致	传统的数字技术和产品在全面实施数字战略要素（如移动支持、分析和云计算）方面存在挑战	DXP 通过提供所有必要的数字技术构建模块以及可扩展的架构来实施数字战略
		DXP 支持现代数字技术，如协作工具、AI 工具和移动应用程序
高维护和基础设施成本	软件许可和支持费用高昂	DXP 作为一个现代化的综合产品，整合了数字领域内的多种功能
	开发、测试和技能成本高	

DXP 的业务驱动因素

表 1–2 列出了各个行业垂直领域的关键业务驱动因素。后续章节的情境案例研究将对这些内容进行详细说明。

表 1–2　DXP 驱动因素和业务场景

垂直 / 行业领域	驱动因素和关键业务场景
零售与数字商务	轻量级且敏捷的平台，支持高度个性化，满足客户意图以推动转化率
	优化用户旅程，并提升所有数字触点和访问渠道的参与度
	整合线上渠道（如聊天、呼叫中心、网站、移动端）和线下渠道（如实体店）
	基于 AI 和机器学习的预测性分析、推荐和个性化服务
	提供客户行为和信息的统一视图
	其他功能包括对话式商务、虚拟助手、增强现实、市场整合、基于 API 的后端集成［“headless（无头）”模式］，以及多租户模式

续表

垂直 / 行业领域	驱动因素和关键业务场景
营销与销售	活动管理
	个性化 / 定向内容投放
	客户细分
	可配置且可扩展的产品
	社交营销
	品牌管理
	微型站点管理
	活动管理
保险	产品比较工具
	移动应用提供报价、理赔、服务请求和保单管理等服务
	客户自助服务，用于保单管理、服务请求、支付和个人资料管理
	用于欺诈检测的高级分析
	活动管理和线索管理
制造业	B2C（企业对消费者）和 B2B（企业对企业）渠道的融合
	信息传递
	协作功能
	统一的仪表板视图
客户服务	自助服务
	知识管理
	搜索与信息发现
	协作工具与集体智能工具（如维基 wiki、博客、论坛和社区）
	基于 AI 的虚拟个人助手（VPA）和聊天机器人
	基于机器学习的情境推荐
	社交媒体集成
所有行业的常见业务驱动因素	降低运营成本并实现持续改进
	数据驱动的决策
	自助服务
	通过敏捷交付和最大限度地复用开箱即用的平台组件，缩短推向市场时间

续表

垂直 / 行业领域	驱动因素和关键业务场景
所有行业的常见业务驱动因素	敏捷交付
	无缝且自动化的流程以提高生产力

我们已经详细介绍了 DXP 的各种数字化转型案例研究和场景。在接下来的章节中，我们将以银行体验平台为例，探讨 DXP 的具体实现细节。DXP 的原则同样可以应用于设计其他类型的体验平台。

银行体验平台（BXP）概述

我们现在将探讨银行体验平台的核心功能。

> 注意：本书中提到的银行体验平台主要针对零售 / 个人银行解决方案，供银行客户使用。

银行体验平台的关键原则

银行体验平台的主要目标是为银行的线上客户提供全面且具有吸引力的用户体验。本书详细介绍了为实现这一愿景构建银行体验平台的过程。表 1–3 列出了银行体验平台的关键原则。这些平台原则将在第 3 至 5 章中进一步解释。

表 1–3　银行体验平台的关键原则

银行体验平台的关键原则	属性
集成视图	一站式体验，聚合来自所有接口的数据
个性化体验	提供相关的上下文信息，基于角色的访问控制
直观的用户体验	互动且响应迅速的用户界面，全渠道访问
自助服务	增强的信息发现能力，智能搜索、比较工具和计算器，以及决策辅助工具
安全的交易	易于使用、简化且安全的交易流程

未来银行体验平台的主要功能如图 1–3 所示。

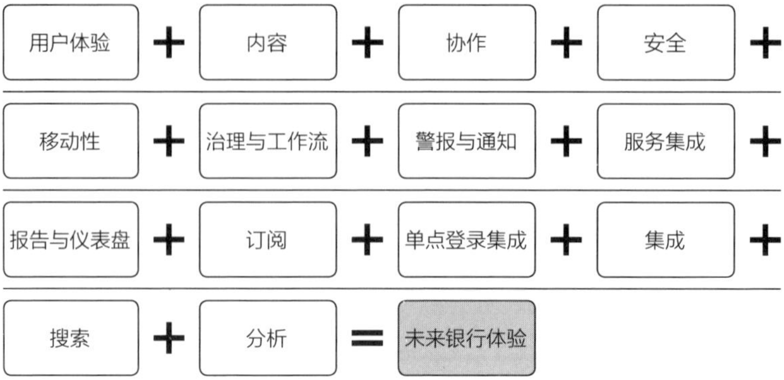

图 1–3　未来银行体验平台的关键功能

如图所示，未来的银行体验平台需要具备响应式的全渠道用户体验，并提供引人入胜的内容。协作功能（如聊天、博客和论坛）能够促进终端用户的积极参与。银行体验平台还应支持与安全系统的集成，并为消费者提供基于服务的接口。此外，该平台需提供及时的提醒和直观的可视化工具（图表、报告、仪表板），帮助客户做出决策。搜索功能是银行体验平台中信息发现的关键工具，而分析功能的启用进一步实现用户体验的个性化。

BXP 的高级需求

表 1–4 展示了银行体验平台的高层级需求，并分类为几个**主要领域**。这些需求将在第 2 章中详细讨论。

表 1-4　银行体验平台的高层级需求

银行体验平台的需求领域	高层级需求
用户体验	以客户为中心的设计，轻量化 / 精简 UI，响应式 UI 元素，移动应用程序，仪表板 UI，简单易用的界面，高可用性，直观的信息架构，个性化体验
安全性	认证、授权、单点登录、灵活的登录方式、多因素认证、自适应认证、审计功能
企业集成	与所需的企业接口集成，如核心银行系统、商业平台、ERP 系统、企业服务和接口、轻量化服务

续表

银行体验平台的需求领域	高层级需求
用户参与功能	个性化，档案管理，游戏化（如积分、分数、徽章以增强用户参与度），上下文内容投放，社交媒体集成，自助服务工具，分析功能，协作功能（聊天、博客、Wiki、论坛、文件共享），仪表板视图，档案管理，评论与评分，提醒 / 通知，本地化
自助服务工具	报表，搜索，计算器（如贷款、保单），工具（如风险分析、预算规划、需求分析），事件管理
优化流程	更快捷的注册、账户开立、账单支付、资金转账流程
分析	客户行为洞察、导航模式、基于指标的追踪、用户细分
随时随地可用性	支持云服务，平台可在所有设备和浏览器上访问，具备灾难恢复能力
内容管理	活动管理、网页内容、推广内容、发布、内容工作流

银行体验平台的关键目标如图 1–4 所示。

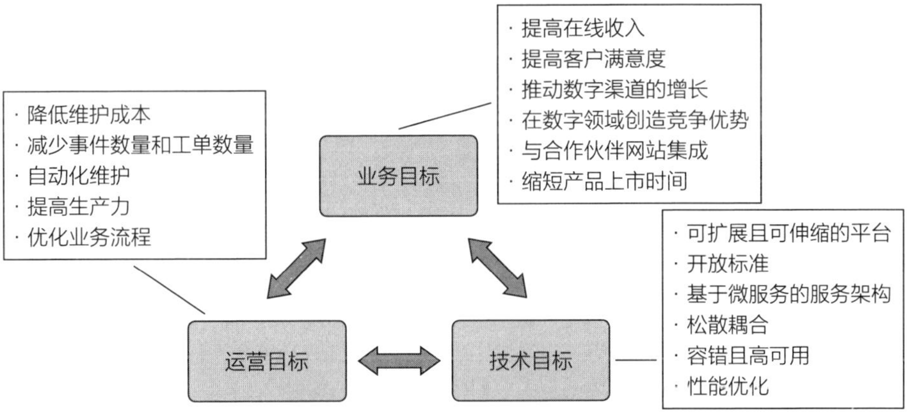

图 1–4　银行体验平台的关键目标

银行体验平台的示例参考架构如图 1–5 所示。

银行体验平台通常是一个分层系统，提供一个松耦合的平台。该平台供客户、管理员和银行员工使用。

核心平台由三层组成：展示层、业务层和集成层。

展示层提供用户界面组件，如小部件、页面、网页分析、本地化、个性化和可视化组件。这些组件定义并塑造了终端用户的体验。

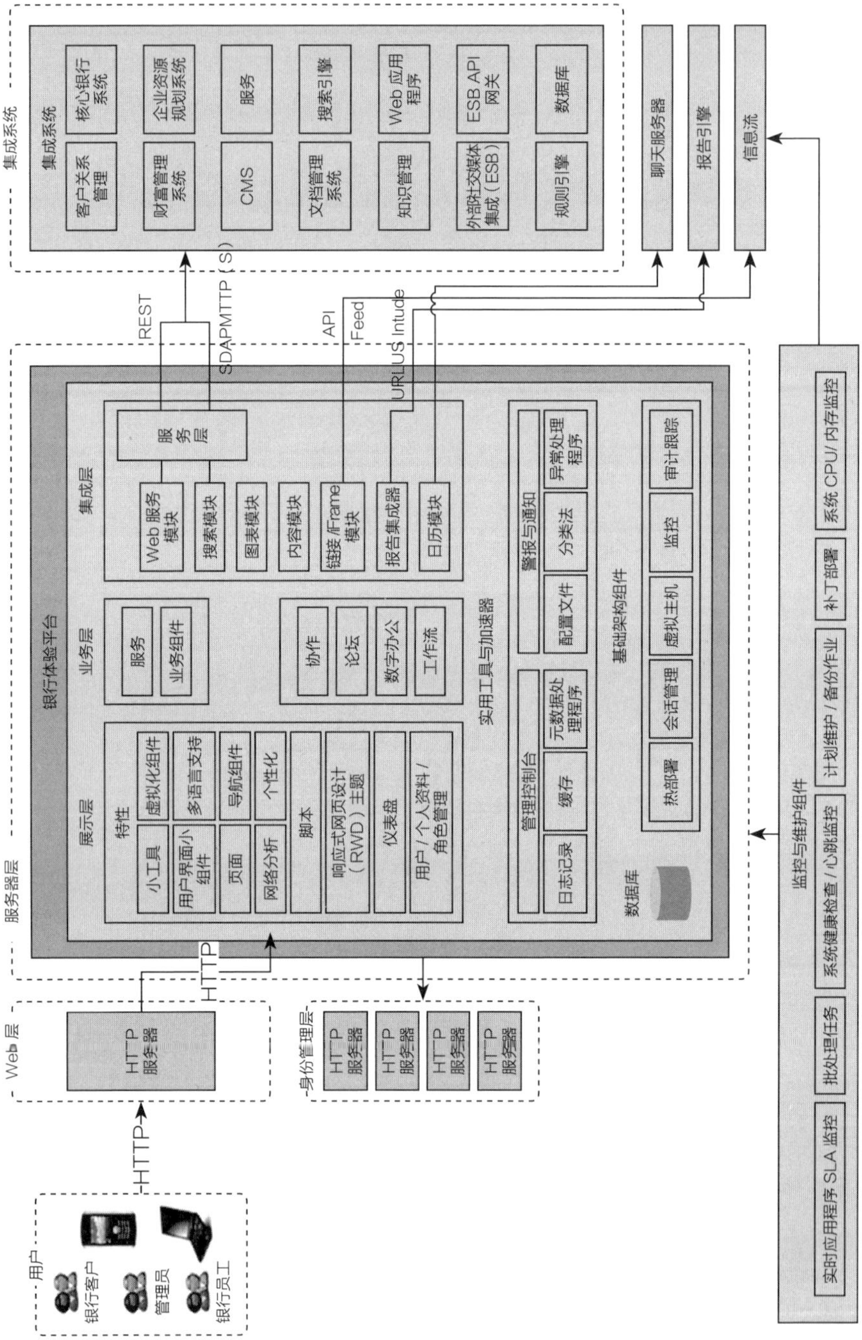

图 1-5 银行体验平台的示例参数

业务层由核心**业务组件**组成，负责实现**业务逻辑、交易、工作流**和**协作功能**。

集成层通过轻量级服务提供集成器和插件，以便与企业接口进行交互。企业接口包括客户关系管理系统（CRM）、财富管理系统、内容管理系统（CMS）、文档管理系统、搜索引擎、企业服务、企业资源计划（ERP）、核心银行系统、企业服务总线（ESB）等。

该平台还提供各种工具和加速器，如日志记录器、缓存组件、分类处理器和异常处理器。

BXP 的三大 P 原则

银行体验平台的三个 P 如下：

- **目标（Purpose）：**客户满意度、客户留存、数字服务增长、与其他合作伙伴的集成、缩短产品上市时间。
- **流程（Process）：**银行机构对每个主要价值流进行评估，以确保每个步骤都具有价值、具备能力、可用、充足、灵活，并通过流动、拉动和平衡将所有步骤连接起来。
- **人员（People）：**银行客户、管理员和银行员工。

BXP 的技术能力示例

表 1–5 提供了银行体验平台技术能力的示例列表：

表 1–5　银行体验平台的技术能力

能力组	能力
展示层	移动优先组件
	响应式和互动性用户交互元素
	用户体验管理
	各渠道一致的用户体验
	提供直观仪表盘，统一展示所有渠道的交易视图

续表

能力组	能力
展示层	直观的可视化工具（如图表、曲线图、报告）
	全渠道访问
	网络分析
	A/B 测试
	网络分析
个性化	用户画像
	用户细分
	基于分析的个性化服务
	定向营销
安全性	身份管理
	单点登录
	加密
	自适应安全
	多因素认证
	欺诈检测
	灵活的认证方法
	数据安全
网页内容管理	常见内容类型、模板和工作流
	分类法和元数据管理
	内容预览
	内容版本控制与生命周期管理
	联邦化和内容联合发布
	数字营销
智能信息访问	索引
	搜索
	信息访问管理
	联邦搜索
	标准连接器
	内容查询

续表

能力组	能力
集成	托管服务消费管理
	从所有相关数据源（如交易、风险评分等）聚合信息
	数据消费
	各渠道和触点的信息聚合
	交易
交易管理	安全交易管理器
	支付管理器
	资金转账
企业集成	轻量级服务层（微服务）
	基于服务的集成
	合作伙伴集成（第三方 API）
社交与协作	社交监听
	论坛、聊天、社区
	外部社交媒体协作
	培训与自学内容
其他功能	交易报告
	搜索
	工具（预测、对比、报告、自助服务）
	增强分析（假设场景分析、智能推荐、交叉销售洞察）
	明确的治理和流程
	定义单一事实来源
	事件管理
	游戏化
	云支持
	AI 功能（如基于规则或预测的聊天机器人、推荐、数据分析）

> BXP 的关键绩效指标示例

为了衡量银行体验平台的成功，使用以下关键绩效指标（KPI）：

- **增加业务交易量：** 改进的银行体验平台应简化在线银行服务操作流程，使客户更容易进行交易。
- **提高用户满意度：** 银行体验平台应提升可用性，从而改善整体用户体验。
- **缩短推向市场时间：** 银行体验平台应提供优化的流程和可复用的技术构建模块，减少新版本发布所需的时间。
- **可靠性、可用性和性能：** 银行应提供一个可靠且高可用的体验平台，以提供良好的用户体验。

> 现代银行的数字化必要性

数字技术的变革正在对现代银行产生深远影响，促使它们采用数字技术以保持竞争力。以下是现代银行的关键数字化核心要求：

- **移动优先策略：** 移动设备是访问网络应用的主要渠道，因此银行应提供适配移动平台的友好型网站或应用。
- **数字银行：** 无实体网点、完全依赖数字渠道的数字银行是一个新兴趋势。
- **游戏化：** 越来越多地使用游戏化概念，为客户的在线交易和活动提供奖励。
- **AI 工具：** 越来越多地使用 AI 工具，如聊天机器人和个性化推荐。
- **资金管理工具：** 诸如消费分析器、预算规划器、债务分析器，以及自助服务工具等，可帮助客户决策并减少信息干扰。
- **数字支付与电子钱包：** 这些功能在数字银行渠道中正快速发展。
- **社交银行：** 积极利用社交和协作功能是数字银行最受欢迎的元素之一。
- **优化流程：** 简化的流程（如一步注册或精简的客户获取流程）至关重要。

> 本章总结

- DXP 管理业务流程，并减少从开发到生产所需的时间。
- **高性价比的数字服务：**DXP 为客户提供经济实惠的数字服务。
- **协作技术：**多种技术、精益结构和数字触点协同提升整体数字体验。DXP 是开发和交互数字服务的一种高度灵活的方式。
- **精益结构：**DXP 的核心理念是其精益结构，在最大化终端客户价值的同时，将资源成本降至最低。
- **高效生产：**DXP 提升了整个生产和数字服务交付过程的效率，多种技术的协作优化并加速了流程。
- **统一管理：**DXP 能够在单一平台上同时管理组织的员工和客户。
- **数字化的单一入口：**DXP 可以作为组织数字化其业务流程的单一入口。
- **全方位用户体验：**DXP 为组织的所有利益相关者提供全面的用户体验。

第 2 章 需求收集

需求收集是确保系统与平台成功实施的关键功能之一。DXP 通过涵盖全渠道和跨渠道需求，确保项目成功交付。DXP 专注于开发和交付一个平台，使应用程序实现“一次开发，多处部署”。DXP 通过复用 UI 组件（如小部件或门户）和可管理的内容，实现全渠道功能。DXP 支持原生应用程序。除了这些基于 Web 的 UI 组件通常提供的功能外，内容还能在不同的渠道间复用，例如 Web、移动设备、平板电脑、交互式语音响应系统（IVR）以及自动取款机（ATM）等；同时也能在不同的平台间复用，如网页 Web、安卓 Android、苹果 iOS 平台等，如图 2-1 所示。

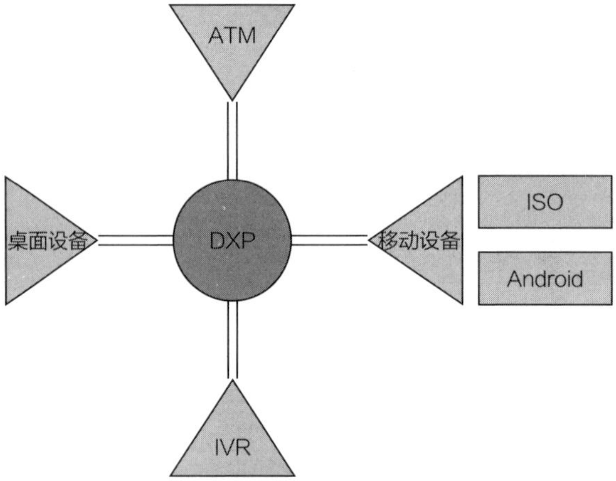

图 2-1　全渠道

需求引导与细化过程增强了 DXP 应用的需求收集与分析能力。需求引导与细化是指收集和分析需求的过程。在这个过程中，开发人员与系统工程师共同与系统、利益相关者、文档以及现有应用案例研究开展互动，同时参考团队完成的概念验证（PoC）（图 2–2）。这些需求引导与细化方法最适合用于收集数字平台的需求，但还有其他方法也可以用于需求引导与细化。

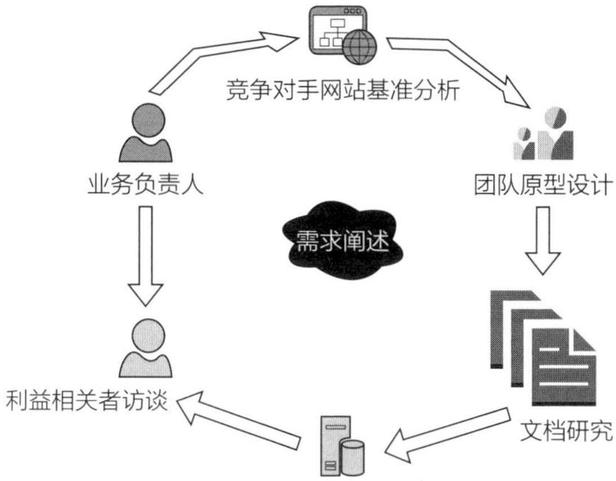

图 2–2 需求细化

- **需求研讨会：**研讨会的优势在于，业务分析师可以收集利益相关者的意见并达成共识。研讨会还可以与头脑风暴结合使用，以发现需求，并在研讨会开始时预先确定基本规则。
    - 研讨会帮助业务分析师构建模型或原型，以细化和验证需求。
    - 研讨会还可以包括对需求的审查。
- **利益相关者访谈：**利益相关者访谈可以为应用的成功铺平道路，尽管利益相关者的类型和角色各不相同。访谈的目的是与那些将大部分时间花在使用该计划设计的事物上的人进行沟通，但在此之前，确定这个“事物”究竟是什么会有所帮助。
- **文档研究：**文档研究有助于了解现有系统及其面临的挑战，从而将这些内容纳入新系统中。例如，了解现有系统及其配置有助于将现有系统的组件与 DXP 应用集成。这还进一步帮助维持系统的完整性，并有助于更好地理解需求。
- **现状系统研究：**你需要对组织内现有的其他应用进行研究，这将进一步帮助你将现有服务与 DXP 应用集成。你需要绘制用户旅程并进行痛点分析，这将帮助你了解客户在现有系统中面临的痛点。还需要进行流程研究，即研究并分析领域内的相关流程。研究活动包括与熟悉系统相关流程的管理人员、技术人员和专业人士进行交流。收集到的信息可用于识别现有的缺口，从而帮助优化业务流程。

- **PoC：**PoC 也被称为原理验证。PoC 是一项小型实验，用于测试设计或想法。PoC 帮助团队了解功能并评估复杂性，从而进一步支持 DXP 应用的开发。
- **竞争对手网站的基准分析：**基准分析的目的是解读并获得洞察力，从而基于竞争对手的分析制定数字化战略。它有助于理解潜在客户，并进一步支持评估性能和容量相关的需求。
- **问卷调查：**一份有效的问卷有助于确定实际的用户需求，答案可用于结果分析。当利益相关者数量较多，或资源和资金有限时，问卷是分析需求的最佳方法。问卷应设计合理且具有针对性，所有问题都应与需求相关。

图 2-3 将帮助你理解需求细化的各个阶段及其相关的需求。例如，功能需求可以通过需求研讨会、系统研究和利益相关者访谈来收集。

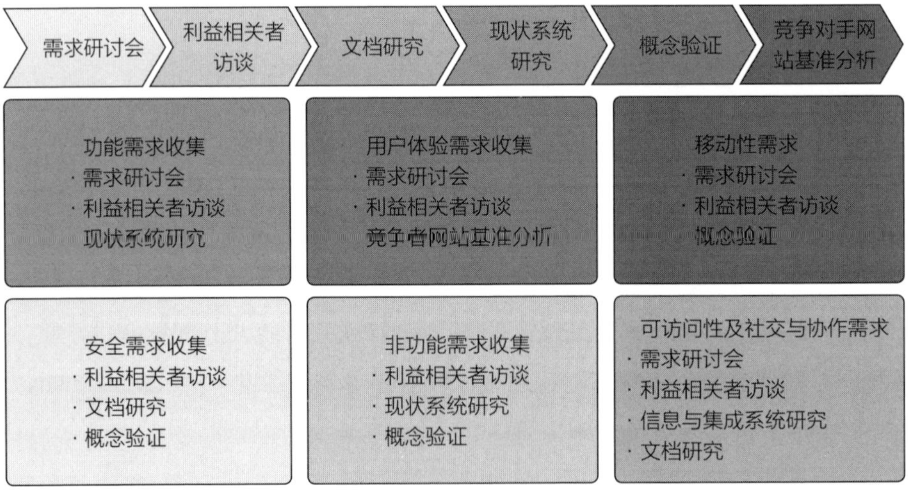

图 2-3　需求收集

本章将探讨银行体验平台的用例。现在，我们将详细介绍用例以及用户故事，它描述了系统与环境和参与者的互动；它包含了以下目标的详细描述，这些目标详细描述了用户如何与系统互动，以及系统如何响应用户的操作。

- **行为者**（Actors）
- **前置条件**（Preconditions）
- **后置条件**（Postconditions）
- **替代路径**（Alternative paths）
- **主场景**（Main scenario）

用例捕捉了用户和系统交互的所有可能方式，并对目标和结果进行了详细描述。相比于用户故事（也称为场景），我们更倾向于使用用例。**用户故事**是对用户需求的简化描述，基于**3C模型**：卡片（Card）、对话（Conversation）和确认（Conformation）。

- **卡片**：用户故事以卡片形式书写，每个用户故事都有一个简短的描述。
- **对话**：需求通过用户和开发团队之间的持续对话进行收集和完善。与利益相关者的会议中会讨论创意和设计实现。
- **确认**：在与利益相关者讨论需求时，会确认用户故事的验收标准。系统的用户确认接受或拒绝软件的条件。

用户故事容易理解，但平台化方法需要更细化的方法，并且对系统如何执行的描述更为详细。在进行用例分析时，我们设计一个符合用户需求的功能流程。基于数字平台的方法与敏捷项目有所不同，涉及的技术、框架和系统的数量也不同。因此，系统的行为应该详细分析，以便能够高效且有效地集成和实现多种技术、框架和系统。

本章将探讨DXP需求的前景：

- **功能需求**
- **体验需求**
- **移动性需求**

- **安全需求**
- **非功能需求**
- **可访问性需求**
- **社交与协作需求**

让我们从 BXP 的功能需求开始。

功能需求

功能需求或**功能规格说明文档**（FSD）的目的是理解业务需求，开发一个组织的数字体验平台，并通过工作流程优化和业务流程创新来满足客户的需求。

表 2-1 和**表 2-2** 展示了 **ABC 在线银行平台**中关于账户和交易的**银行体验平台用例**的深入分析。

表 2-1　账户用例详情

用例编号	1		
用例名称	账户		
创建日期	XX-XX-XXXX	最后修订日期	XX-XX-XXXX
用户目标	能够查看账户详情		
主要行为者	已登录的 ABC 银行客户		
次要行为者	主数据管理系统		
	核心银行系统		
描述	客户可以在登录后的仪表板上查看账户详情及用户资料数据		
触发	客户希望屏幕上显示账户摘要。客户还应能够查看账户对账单详情以及汇总的余额		
前置条件	客户必须是已注册的现有客户		
	客户需要登录到 ABC 在线银行应用程序		
后置条件	所有客户的账户都会显示在屏幕上		
功能流程	以下是显示账户摘要时需要考虑的要点		
	账户摘要		

续表

功能流程	客户使用用户身份标识（ID）和密码登录		
	客户点击登录页面左侧的“账户”UI 组件		
	所有账户列表将显示账户余额，并汇总显示储蓄 / 活期账户的可用余额，以及账户和交易详情的未结余额		
	例如，储蓄账户将显示所有储蓄账户的汇总余额及各个储蓄账户的账号，活期账户将显示所有活期账户的汇总余额及各个活期账户的账号		
异常流程	后端系统未响应		
	当后端系统未工作时 UI 组件将向客户显示一个易于理解的错误消息		
	将显示的错误消息为：“抱歉，我们的系统暂时无法工作，请稍后再登录。”		
假设	不适用		
验证	账户状态验证：客户可能在银行拥有多个账户；系统将根据权限显示可查看的账户，具体如下表所示		
	返回值（在 Web 服务响应中发送）	验证结果	
	OPEN	可查看	
	DORM	可查看	
	UNCL	不适用	
	INOP	可查看	
	CLOS	不适用	
	PRECREATED	不适用	
变更跟踪	不适用		
不在范围内	不适用		

表 2-2　交易用例详情

用例编号	2		
用例名称	交易		
创建日期	XX-XX-XXXX	最后修订日期	XX-XX-XXXX
用户目标	能够查看交易历史		

续表

主要行为者	ABC 银行已登录的客户		
次要行为者	核心银行系统		
	简单邮件传输协议		
描述	客户可以查看简要对账单。客户可以下载或通过电子邮件发送对账单		
触发	默认情况下，客户希望简要对账单显示在屏幕上。客户能够将对账单下载到自己的设备上		
前置条件	客户必须是已注册的现有客户		
	客户已登录 ABC 在线银行网站		
	客户已选择要查看对账单的账户和账户详情		
后置条件	简要的或详细的对账单显示在屏幕上		
	详细对账单以 PDF 格式下载		
功能流程	以下是交易详情的功能流程:		
	账户对账单		
	登录后，客户将进入仪表板		
	仪表板将包含交易 UI 组件（小部件），显示简要对账单		
	简要的对账单将显示最近十笔交易的详情		
	简要对账单将显示以下详情：日期、支出类型、描述、贷方或借方金额以及余额		
	客户可以选择“开始日期”和“结束日期”来筛选交易，以显示详细的对账单		
替代流程	客户可以选择通过电子邮件发送对账单，或以 Excel 或 PDF 格式下载对账单；界面上会提供相应的按钮		
异常流程	如果账户中没有交易，系统将显示适当的消息:“该账户无可用交易详情。”		
	后端系统和 Web 服务调用未响应		
	将显示错误消息:“抱歉，我们的系统暂时无法工作，请稍后再登录。”		
假设	不适用		

续表

验证	“开始日期”不能早于账户开户日期,“结束日期”不能晚于今天的日期		
	“开始日期”和“结束日期”之间的时间跨度最多为六个月		
业务规则	每次显示、下载或发送对账单的最大时间跨度为六个月		
变更跟踪	不适用		
不在范围内	不适用		

表 2-1 和表 2-2 中展示的用例能够帮助你理解银行体验平台应用如何与多个系统和平台互动，以为银行客户提供全渠道体验。BXP 与主数据管理系统、核心银行系统和 SMTP 邮件服务器进行互动，提供跨渠道功能，用户可以通过移动设备或桌面登录 BXP，并在所有平台上获得相同的体验。

> 体验需求

让我们来看看 BXP 的体验需求。体验需求的目的是了解所有渠道的工作流程，从而为客户提供无缝且流畅的用户体验。体验需求可以帮助你选择适合 DXP 的技术栈。在收集体验需求时，用户故事是最佳选择，因为应用的体验规范是从业务角度进行说明的。业务部门和管理层将解释他们希望为用户提供的具体功能和渠道。

DXP 是为整个用户旅程设计的。 DXP 通过多个渠道提供更好的用户体验，使用户与你的组织互动时更加流畅。你需要了解用户何时以及为什么会在各个渠道之间切换，这将帮助你设计高效且顺畅的用户体验。DXP 在从一个渠道过渡到另一个渠道时，应提供零或最小的额外负担。

在所有支持的设备上实现无缝体验

用户通过多个渠道与应用程序交互，例如 Web、移动设备、平板电脑、电子邮件、聊天机器人和 IVR 等（表 2-3）。在任何渠道上的体验失败都会影响整体体验。因此，你应该基于企业所支持的所有渠道来设计工作流程。你需要考虑所有渠道的**接触点需求**。例如，设想一个场景：用户在桌面上的Web 应用程序发起服务请求，但由于某些个人原因无法完成该流程。用户仍然可以在移动设备上继续流程。如果他们能够从中断的地方继续，那么他们的用户体验将是无缝的。

表 2-3　用户故事——设备支持

名称	设备支持
触发条件	客户希望从不同设备（如移动设备、平板电脑或桌面设备）访问银行门户网站
脚本	客户可以通过移动设备、平板电脑或桌面设备访问银行门户应用程序。无论之前使用的是哪种设备，客户都可以继续之前未完成的操作
验收标准	客户能够通过移动设备、平板电脑或桌面设备访问 BXP 应用程序

在所有支持的浏览器上实现无缝体验

用户可以通过多个网页浏览器与应用程序进行交互。因此，一旦应用程序开发完成，它将支持所有最新的浏览器：即 IE 10 及以上版本、Chrome 2.0 及以上版本、Firefox 等，见表 2-4。

表 2-4　用户故事——浏览器支持

名称	浏览器支持
触发条件	客户可以从不同的浏览器登录应用程序
脚本	客户可以通过以下浏览器登录 BXP 应用程序： · IE 10 及以上版本 · Chrome · Firefox
验收标准	客户能够通过 IE、Chrome 或 Firefox 访问银行门户网站

多语言需求

在开发 DXP 应用时，你需要根据业务需求考虑语言标准。DXP 提供了在用户偏好中存储语言偏好的功能。根据语言偏好，系统将向用户显示相应的内容，参见表 2-5。

表 2-5 用户故事——语言支持

名称	语言支持
触发条件	客户可以选择内容的语言
脚本	客户在注册 BXP 时可以选择首选语言。可以从以下语言中选择： · 英语 · 印地语 · 德语 · 法语 登录 BXP 后，系统将根据客户的首选语言显示内容
验收标准	客户能够根据首选语言获取内容

导航元素、菜单和搜索

体验可以是一个网站或一个移动应用程序。每种体验都由页面组成。一个页面由容器和 UI 组件构成。体验的可见元素包括页面、容器和 UI 组件。页面包含容器和 UI 组件作为子元素。容器可以包含其他容器或 UI 组件作为子元素。每个页面都有一个关联的 URL，存储在链接中。UI 组件用于显示内容或功能，容器将 UI 组件以可视化布局的方式组合在一起。我们将在第 4 章中详细介绍这些组件。

导航路由器和元素帮助用户从一个位置导航到另一个位置，以提升用户体验。导航路由器能够以高效且有趣的方式提供菜单，搜索功能则增强了可访问性。DXP 的搜索功能有助于理解用户的意图，从而提供最精准的结果。这些组件以吸引人且有条理的方式呈现信息。一个例子是银行仪表板，用户可以在一个页面上访问常用的 UI 组件，例如用户详情、账户以及与特定账户相关的交易。

在开发 UI 组件之前，你需要考虑用户体验旅程。每个用户故事都会被分解为独立的功能，这些独立功能被视为一个 UI 组件。例如，在表 2-6 所示的仪表板用户故事中，“账户”被视为一个功能，“交易”被视为另一个功能。这意味着需要创建两个 UI 组件：一个用于账户，另一个用于交易。

表 2-6　用户故事——仪表板

名称	ABC 银行的仪表板
触发条件	作为客户，用户希望在登录银行门户应用后，在仪表板上查看账户摘要和交易对账单
脚本	作为客户，登录门户应用后，用户可以在左侧看到导航面板，在右侧看到组件面板
	作为客户，用户可以通过导航面板切换到其他页面
	账户和交易信息显示在右侧的组件面板中
验收标准	客户能够在一个页面上访问常用的 UI 组件，即用户详情、账户和与特定账户相关的交易

导航路由器将作为仪表板，而用户详情、账户和交易将分别作为多个容器中的不同 UI 组件，如图 2-4 和图 2-5 所示。搜索和筛选交易功能进一步增强了可访问性。

我们将在第 4 章详细介绍 BXP 仪表板。

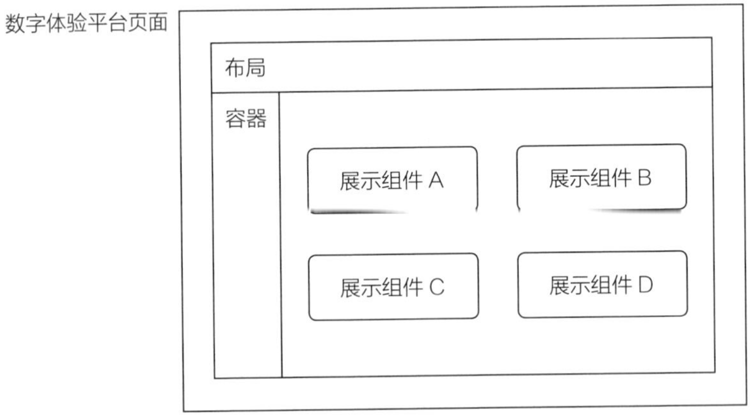

图 2-4　用户界面组件

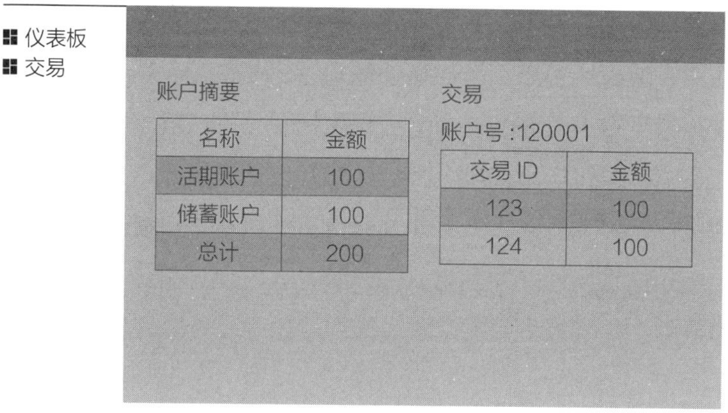

图 2–5　BXP 仪表板

移动性需求

当今时代，你需要为未来做好准备。BXP 支持原生应用程序，即专门为移动操作系统开发的智能手机应用程序，以及混合应用程序（即本质上是打包在原生外壳中的网站）。在开发 DXP 应用时，你需要考虑移动性需求（表 2–7）。

表 2–7　用户故事——移动性

名称	移动性
触发条件	客户应能够在 Android 和 iOS 平台上访问 BXP 应用程序，并支持 Web 访问
脚本	客户能够从 iOS 应用商店和 Android 应用商店下载 BXP 移动应用程序
验收标准	客户能够将 BXP 应用程序下载到移动设备，并通过移动应用程序访问 Web 应用程序提供的所有功能

DXP 支持响应式、原生应用程序以及混合应用程序的方法。在设计响应式应用程序时，你需要考虑移动优先的方法。从一般角度来看，移动设备的设计比其他设备更具挑战性，因为小屏幕限制了你可以提供的功能。在相反的方法中，如果从一开始就设计全包式的应用程序，核心和附加元素将融合在一起，导致难以区分和分离。移动优先等同于内容优先，因为屏幕尺寸和带宽有限。因此，你应优先考虑内容。响应式网页方法缺乏与移动设备功能

（如传感器、相机等）的交互。而原生应用程序和混合应用程序则提供了与设备硬件交互的额外功能，例如指纹识别器、相机等。假设你想为用户提供通知功能：原生应用程序或混合应用程序配置了推送通知功能，因此每当用户进行交易时，这些应用程序会将推送通知发送到用户的移动设备。混合应用程序的优点是单一代码库，这使其与所有浏览器和设备兼容，而原生应用程序的优点是提供高度互动和丰富的体验，并利用所有原生设备功能，如传感器、相机等，同时提供比响应式和混合应用程序更高的性能（图 2–6）。

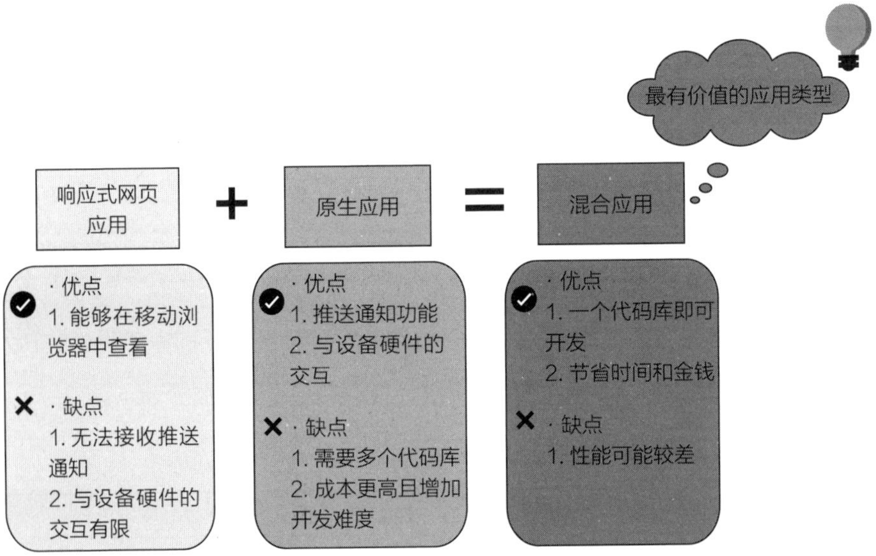

图 2–6　响应式、原生与混合应用

你需要了解应用程序的使用情况，因为**混合应用**本质上是一个网页应用程序（图 2–7），使用 HTML 5 和 JavaScript 构建，并封装在原生容器中。混合应用会在用户浏览应用时动态加载页面上的大部分信息，而原生应用则是在用户首次安装应用时下载大部分内容。

原生应用具有最佳的性能和最高的安全性。应用程序的性能以及用户体验在很大程度上取决于所选择的开发框架。采用原生应用方法时，整体性能和安全性都会得到提升。

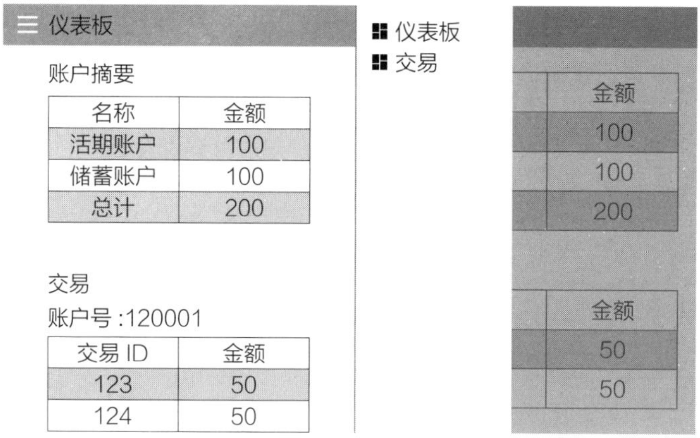

（a）仪表板视图　　（b）导航视图

图 2-7　BXP 移动仪表板

非功能性需求

非功能性需求（NFRs），也称为质量属性，决定了 DXP 的稳健性和长期成功。诸如可扩展性、可用性、可靠性、可维护性等性能质量属性是帮助我们定义、跟踪和衡量数字平台成功指标的关键非功能性需求。

还有其他非功能性需求，如可服务性、安全性、合规性、环境性、数据完整性、可用性、互操作性等，但 RAM（可靠性、可用性和可维护性）与 DXP 最为相关。这些需求有助于理解系统的运作，而不是特定的行为。

假设你创建了一个具有引人注目的、适应性强的 UI 设计的网页应用程序。但是，如果它无法处理适当的流量怎么办？数字体验平台确保服务的实用性（功能性）与保障之间的平衡，也就是说，它是否适合使用。功能性与使用之间的完美平衡为客户创造了最大的价值。

可扩展性需求

可扩展性需求确保应用程序的最大运行容量，并确定当前的基础设施是否足以支持应用程序运行。它提供了应用程序能够支持的并发用户数量的整体视图，并确保可扩展性，使应用程序可以在当前运行容量的基础上支持更多用户访问。

参考表 2–8 中的可扩展性用户故事，来深入了解可扩展性需求。

表 2–8　用户故事——可扩展性

名称	可扩展性
触发条件	DXP 应用程序应具备可扩展性，并且负载应分布在不同的地理位置
脚本	作为产品负责人，DXP 应用程序将支持每小时 10 000 个并发用户和 1 000 000 次交易
	应用程序应具备足够的稳健性，能够处理大量请求负载
	地理负载应分布在不同位置，以确保应用程序在所有地理区域都可用
验收标准	DXP 应用程序能够支持每小时 10 000 个并发用户和 1 000 000 次交易，且适用于所有地理位置

当你需要确定应用程序能够支持的实际同时在线用户数量时，首先需要计算**最大吞吐量**（maximum throughput）。

最大吞吐量是通过运行一些模拟用户且不设置等待时间来计算的。这意味着每个用户发送一个请求，接收响应后立即循环回去发送下一个请求。

- **应用程序必须支持的最大用户数**：一旦你得到了最大吞吐量，就可以使用**李特尔法则**估算应用程序可以支持的最大并发用户数量。

$$N=X/\lambda$$

其中，N 是并发用户数量。

λ 是平均到达率。

X 是吞吐量。

- **最大并发用户数**（Maximum concurrent users）：如果应用程序的平均到达间隔时间为 5 秒，那么使用李特尔法则可以计算 N(用户数）为：

$$N=X/\lambda=2015*5=10\,075 \text{ 用户}$$

在相同的基础设施上运行时，应用程序可以支持超过 10 000 名并发用户，平均到达间隔时间为 5 秒。

- **最大并发流量**：你需要计算应用程序每小时支持的最大并发用户数。在估算了特定基础设施上 DXP 应用程序支持的并发用户和负载后，你可以相应地决定是否扩展基础设施。
- **用户增长率**：你需要估算每年用户流量的百分比增长，以便在未来扩展基础设施。
- **内容增长率**：你需要估算每年内容量的增长百分比，这有助于你分析每年的负载容量。
- **平均会话时间**：指用户的平均会话时间，帮助你分析和估算未来所需的内存支持。
- **特定地理区域的负载**：全球可用的应用程序应根据地理位置分配负载。每个地理区域都应明确其性能、可用性和可扩展性要求。
- **峰值流量或高峰时段**：指应用程序在业务高峰时段必须支持的最大用户数量。
- **数据量**：由于数据量会随着应用负载和使用情况不断变化，你需要估算 DXP 应用需要处理的平均数据量，这将帮助你预测未来的存储空间需求。

> 性能——响应时间、吞吐量、利用率、静态容量

行业标准对衡量应用性能是至关重要的。测试结果应通过真实浏览器采集，以帮助你检查页面在不同浏览器和操作系统上的加载时间。

深入了解性能需求和测试方法。在开始负载测试之前，你需要确定适用于业务流程的页面响应时间，并评估响应时间是否合理且可实现。

性能需求

根据表 2-9 中的用户故事来构建和考虑工作负载模型，并根据表 2-10 中的用例创建相应的工作负载模型。

表 2-9　用户故事——性能

名称	性能
触发条件	DXP 应用程序应在 3 秒内响应
脚本	作为产品负责人，DXP 应用程序应在 3 秒内响应客户通过浏览器发出的每一个请求
验收标准	DXP 应用程序能够在 3 秒内响应

表 2-10　工作负载概况

FSD 的用例	每日总量	页面	时间
账户	20 000	登录，仪表板（导航路由器和账户组件）	3 秒
交易	15 000	登录，仪表板（导航路由器和交易组件）	3 秒

在考虑所有负载之后，可以排除不频繁或不适当的工作负载。

正常负载和峰值负载下的页面响应时间

在支持 10 000 名用户时，DXP 应确保性能不会低于指定的水平。

- 80% 的客户页面响应时间应在 3 秒以内。
- 交易和账户页面的响应时间应在 3 秒以内。请参考图 2–8 和表 2–11 中的以下内容。
- **峰值负载**：当应用程序的最大用户数同时在线时，如图 2–8 峰值负载所示。
- **正常负载**：当常用户在线时，如图 2–8 正常负载所示。

表 2–11　峰值负载和正常负载分析

页面 / 响应时间	峰值负载（秒）	正常负载（秒）
交易	3	2.3
账户	3	2
仪表板	6	4

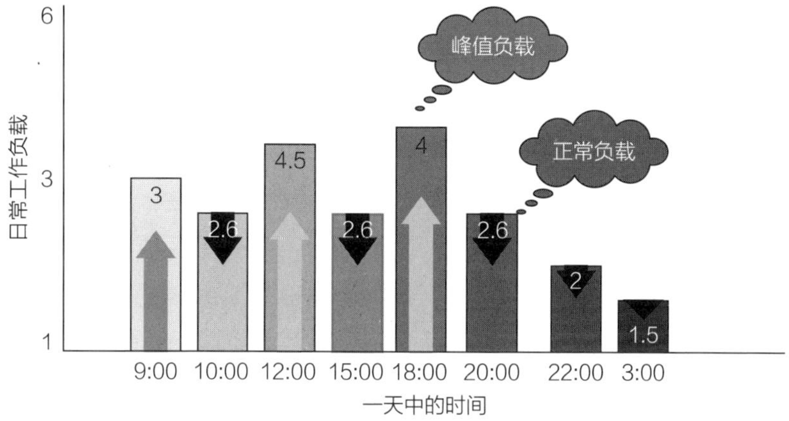

图 2-8 正常负载和峰值负载

在为新应用程序定义工作负载时，如果没有现有的工作负载数据，且系统仍处于开发阶段，人们往往会倾向于设定一个较高的峰值负载。

页面点击分析

你需要考虑在不同地理位置下，应用程序在正常和峰值负载时的页面响应时间，这些位置是你为用户提供业务服务的地方。这将帮助你根据工作负载概况和现有基础设施来理解并分配负载。

- 正常负载和峰值负载下（超文本传输协议 HTTP 或超文本传输安全协议 HTTPS）页面响应时间分析

  页面加载时间 = 资源下载 + 服务调用时间

  · 资源下载是指下载资源（如层叠样式表 CSS、超文本标记语言 HTML、脚本、图片等）的平均时间；服务调用是指 Web 服务从服务器返回数据所需的平均时间。

  · 你需要为影响特定页面的所有服务调用构建一个服务调用的工作负载模型。

- **交易时间**：关键交易的平均时间，例如账户和交易服务获取数据所需的平均时间以及其他资源（如 CSS、HTML、脚本和图片）的加载时间。
- **搜索完成时间**：搜索模块提供前十个结果所需的平均时间。

- **性能测试**：DXP 应用程序必须符合商定的 SLA（服务水平协议）中的性能标准和交付时间，以便规划和执行压力测试。
  - 对 BXP 门户页面进行负载测试和压力测试，以确保满足关键性能要求。
  - 页面进行性能调优，以确保在平均生产负载下，所有页面的响应时间保持在 2 到 4 秒之间。
  - 目标 CPU 利用率保持在 25% 以下。
  - 使用 LoadRunner 应用程序进行负载测试。

维护需求

你应利用在成功实施大规模门户项目中积累的丰富经验，持续进行应用或系统 SLA（服务水平协议）的监控与维护（表 2-12、2-13、2-14）。

你应构建可靠的监控应用程序，以确保应用程序能够满足与性能、可用性和可扩展性相关的 SLA 要求。

- 实时应用 SLA 监控组件会检查生产环境中的 BXP 网页，其页面 URL 的监控频率可配置。
- 当页面或系统性能低于预设阈值时，SLA 会通过电子邮件或页面发送自动警报和通知。
- 系统健康检查或心跳监控用于检测门户系统及所有接口系统的可用性，以确保它们在良好的响应时间内作出响应。如果任何系统宕机，会触发自动通知。
- 配置 Web 分析工具以实时监控业务关键流程或活动，包括页面加载时间、搜索处理时间等。此外，还会根据需求设计报告，用于展示监控数据。

表 2-12 用户故事——监控

名称	监控
触发条件	应对 DXP 应用程序进行监控
脚本	作为产品负责人，我希望对应用程序进行实时监控，以便在系统故障时自动发送电子邮件通知和警报，确保应用程序 24/7 可用。业务关键流程应全天候监控
验收标准	DXP 应用程序受到监控

表 2-13 用户故事——可服务性

名称	可维护性
触发条件	应对 DXP 应用程序进行维护
脚本	作为产品负责人，我希望对 DXP 应用程序进行系统清理维护。应安排好维护活动，以便后台作业执行系统清理并进行备份
验收标准	DXP 应用程序已进行维护，定期备份保持正常

表 2-14 用户故事——系统维护

名称	版本维护
触发条件	DXP 应用程序应通过版本控制进行维护
脚本	作为产品负责人，我希望通过版本控制系统维护 DXP 应用程序，以便将增量更改发布到生产环境。漏洞修复应通过发布和变更请求机制进行，以确保漏洞修复顺利且有效地发布到生产环境
验收标准	DXP 应用程序通过版本控制进行维护

> 版本控制

对于源代码管理，我们可以使用版本控制工具，如 CVS、MS Source Safe、Git 和 SVN 来进行应用程序的版本控制。

> 发布

在系统开发完成并迁移到生产环境后，新功能的发布需要遵循发布协议和程序。这些协议和程序有助于分析迁移到生产环境所涉及的更改，并确保新功能的发布过程平稳且有效。

- 任何新功能或漏洞修复的发布需要经过变更管理流程，在评估其对成本和时间计划的影响后进行。
- 发布内容包括发布名称、发布详情、设备支持信息、发布历史以及缺陷管理和报告。
  - **发布名称**：用于标识发布的名称，如内部代码名称或构建版本。
  - **发布详情**：每次发布的最后部署事件的时间戳。
  - **设备支持信息**：应用程序设备兼容性的摘要，包括支持的设备。
  - **发布历史**：所有之前发布版本的列表，包含版本代码详情、部署历史和发布说明，其中包含上述所有信息以及缺陷或测试报告。
- **缺陷管理和报告**：对于 BXP 你应该遵循成熟的缺陷管理流程。该流程可以根据当前的流程或目标进行定制。缺陷管理流程的关键要素包括以下几个方面：
  - 设置和定制缺陷管理工具
  - 定义缺陷生命周期流程
  - 定义并发布缺陷分类
  - 确定关键利益相关者及其职责
  - 进行缺陷分类和优先处理
  - 管理缺陷的解决过程
  - 制定报告和升级流程
  - 进行缺陷根本原因分析
  - 缺陷分类和处理时间将在测试策略阶段决定

> 安全需求

安全性是开发应用程序时的主要关注点。你需要全面考虑与安全性相关的各个方面。DXP 的安全机制能够提升用户体验，并确保数据的完整性、真实性和授权管理。

银行体验平台始终面临被攻击的风险，因此在设计银行门户时，必须仔细审查安全需求（表 2–15）。

表 2–15　用例——会话管理

用例编号	3		
用例名称	会话管理		
创建日期	XX–XX–XXXX	最后修订日期	XX–XX–XXXX
用户目标	登录 ABC 银行的在线银行门户网站		
	从 ABC 银行的在线银行门户网站登出		
主要行为者	现有的银行客户		
	电子银行应用程序——BXP		
触发条件	点击登出按钮后从在线银行门户网站登出，或在达到预定时间限制后会话自动超时		
前置条件	ABC 银行客户已注册网上银行门户网站		
	客户已登录 ABC 银行的网上银行门户网站		
后置条件	系统将从 ABC 银行的在线银行门户网站登出		
功能流程	客户登录 ABC 在线银行门户网站		
	客户进入仪表板		
	如果客户希望从在线银行门户网站登出，可以随时在登录页面点击登出选项		
	客户将从当前页面登出，屏幕上将显示主页		
	在 5 分钟空闲时间后，门户网站将使会话无效，并显示登录页面		
异常流程	当后端系统无法正常工作时，UI 组件将向客户显示易于理解的错误信息:“抱歉，我们的系统暂时无法运行，请稍后再登录。”		
假设	不适用		
验证	会话超时		
	在 5 分钟空闲时间后，门户网站将使会话无效，会话超时是可配置的		

续表

变更跟踪	不适用		
不在范围内	不适用		

会话管理注意事项：

a. 是否选择内存中的令牌会话管理或数据库令牌会话管理（也称为 Java 数据库连接［JDBC］令牌管理）取决于用户的业务需求。在集群部署 BXP 应用程序的情况下，JDBC 令牌管理会更有帮助；而在内存中的令牌会话管理中，你需要通过 JGroups 或其他开源缓存复制技术在所有集群环境中复制会话令牌。

b. 你需要根据业务需求决定会话的空闲时间。会话空闲时间一旦超过指定时间，用户将被服务器自动注销。

同时，在设计 UI 层和后端集成时，需要检查数据的真实性、授权性和完整性。

请参考 ABC 在线银行门户中的 BXP 真实性和授权用户故事（表 2-16）。

表 2-16 用户故事——真实性和授权

名称	真实性和授权
触发条件	客户应经过身份验证和授权
脚本	客户将通过双重身份验证登录，以确保该客户的授权数据可被访问。以下信息应被屏蔽： · 移动设备号码 · 社会安全号码 · 账户号码
验收标准	已授权和经过身份验证的客户能够访问 BXP 应用程序

身份验证注意事项：

a. 你应始终选择双重身份认证。以下是几种常见的双重身份认证方式：

· 用户名 / 密码 + 一次性密码（OTP）。

· 用户名 / 密码 + 基于 RSA 公钥密码算法的问题和答案。

· 同时使用：在这种情况下，如果系统在登录过程中检测到异常或不规则的模式，系统可以在登录后触发 OTP 和 RSA 提问，从而消除漏洞并提供高安全性。

b. **密码和号码遮蔽：**你应遮蔽密码和号码，例如移动设备号码和账户号码。

c. **跨站请求伪造（CSRF）：**这是一种攻击方式，迫使终端用户在其已认证的 Web 应用程序中执行不必要的操作。你需要采用**开放 Web 应用安全项目（OWASP）的 CSRFGuard**，以保护应用程序免受 CSRF 的攻击（表 2-17）。

表 2-17　用户故事——数据完整性

名称	数据完整性
触发条件	DXP 应用程序应在保持客户端与服务器数据互操作性的同时提供数据完整性
脚本	作为产品负责人，我希望在保持客户端与服务器数据互操作性的同时维护数据完整性，以确保通信渠道的安全性
	在客户端与服务器之间传输信息时，应使用并传递令牌
验收标准	DXP 应用程序在保持客户端与服务器数据互操作性的同时提供数据完整性

服务调用——数据互操作性：

a. **JSON 网络令牌（JSON Web Token，JWT）**用于以 JSON 对象的形式在各方之间传递信息。这些信息可以通过使用基于哈希的消息认证码（HMAC 算法）或使用 RSA 算法的公私钥对进行加密来保证安全性。同时，JWT 还能够确保传输数据的完整性。

b. **跨站脚本攻击（XSS）过滤器：**你可以使用验证库按照 Java 规范请求标准验证 Web 服务 API 请求。XSS 过滤器会匹配数据请求中的可疑内容，并在发现匹配时拒绝这些请求。

灾难恢复需求

灾难是指任何使组织的运营面临风险的情况，可能是任何类型的，例如自然灾害、设备故障或网络攻击。

灾难恢复（Disaster recovery，DR）需求旨在尽可能使业务运营恢复正常。你需要确定其 DXP 应用的恢复点目标（Recovery point objective，RPO）和恢复时间目标（Recovery time objective，RTO）。

RPO 指组织在灾难发生后，为恢复正常运行必须从备份中恢复的应用程序数据的最大时间跨度（如文件、数据库、用户会话和缓存的时间跨度）。例如，如果某 DXP 应用的 RPO 是 2 小时，那么系统必须至少每 2 小时备份一次数据。

RTO 指组织从备份存储中恢复应用程序所需的最大时间跨度。例如，如果组织的 RTO 是 1 小时，那么系统停机时间不得超过 1 小时。

表 2-18 列出了灾难恢复需求。

表 2-18 用户故事——灾难恢复

名称	灾难恢复
触发条件	DXP 应用程序应能够在任何灾难情况下恢复
脚本	作为产品负责人，我希望 DXP 应用程序的 RPO 为 2 小时，以便应用程序每 2 小时备份一次，并在灾难后恢复至备份点
验收标准	DXP 应用程序在 1 小时内恢复

RTO 和 RPO 帮助你制定灾难恢复策略。

- 识别与应用程序相关的威胁。
- 确定相关的基础设施文档，例如：公用设施图、暖通空调图、网络图和设备配置文件。

> 可访问性考虑

你可以通过引入无障碍最佳实践来提升 DXP 的功能，这些实践可以消除阻碍用户与 Web 应用交互的障碍。你需要全面考虑无障碍需求的各方面。

以下是一些有助于确保 Web 无障碍的业务案例关键因素。在编写用例时包含这些要求，不仅可以改进搜索引擎优化、互操作性和质量，还能够减少 Web 应用的开发和维护时间、工作量以及服务器负载等。

- 提供与听觉和视觉内容等效的替代方案。
- 提供清晰的导航机制。
- 创建能够平稳转换的表格。
- 所有功能都可以通过键盘操作。
- 文本内容应易读且易于理解。
- 为用户提供足够的时间阅读内容。
- 内容必须足够全面，以便各种设备和技术可以访问和解释。

在开发应用程序之前，必须检查并考虑上述要点，否则一个或多个群体访问网页内容会有困难。

> 本章总结

- 本章几乎涵盖了 DXP 应用程序需求的所有方面：功能性需求、体验需求、移动性需求、安全性需求、非功能性需求和可访问性需求。
- **体验需求：** 涵盖了以下用户故事及其相关注意事项：
  - 设备支持用户故事
  - 语言支持用户故事
  - 仪表板用户故事
- **安全需求：** 涵盖了以下用例和用户故事及其相关注意事项：
  - 会话管理用例
  - 真实性和授权性用户故事
  - 数据完整性用户故事
- **维护需求：** 涵盖了以下用户故事及其相关注意事项：
  - 监控用户故事
  - 可维护性用户故事

  - 版本维护用户故事

- 本章已经涵盖了银行体验平台的需求，这将有助于你在开发 DXP 应用程序之前审查自己的需求。

第3章 设计

在第 2 章详细了解 DXP 的需求之后，我们现在将深入探讨 DXP 的设计与构建。随着全球向现代数字经济迈进，DXP 的使用不仅为产品和服务的创新提供了一个生态系统，同时也为企业组织活动创造了一个空间。

构建体验平台

我们将在本章详细探讨以下各层的设计：

- 展示层
- 业务层
- 集成层
- 数据层
- 中间件层

我们还将研究以下前沿数字技术的集成设计：

- 社交与协作设计
- 物联网（IoT）集成设计
- 区块链设计
- 人工智能自动化设计
- 大数据和 NoSQL 设计
- 企业搜索引擎设计
- 增强现实（AR）设计
- DevOps 的最新趋势

DXP 的设计原则通过视觉设计、交互设计和信息架构来创造品牌价值，如图 3-1 所示。

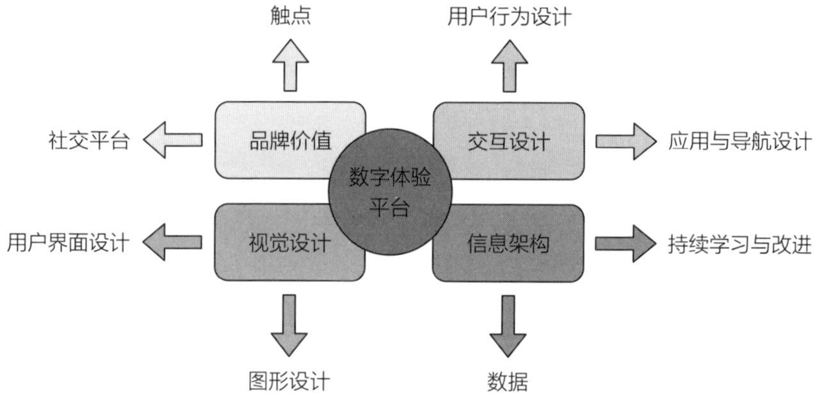

图 3-1　数字体验平台以客户为中心的设计原则

设计数字体验平台的四大原则如下：

- **品牌价值：** 社交平台能够帮助你的组织通过脸书（Facebook，现改名为元宇宙）、照片墙（Instagram）、领英（LinkedIn）等社交媒体渠道推广和定位品牌。由于强大的社交动机推动，社交平台迅速获得了广泛应用。当用户利用应用程序与你联系时，你应构建社交网络。为此，你需要选择一个包含微博客、社交网络、动态档案和自动化活动推送功能的解决方案。你需要综合考虑多个因素，以决定选择哪些社交软件解决方案与 DXP 集成。你可以通过集成用于信息共享的 Wiki、Facebook 身份验证以及社交动态 API，将用户的社交互动与 DXP 相结合，从而进一步提升用户体验，使用户能够通过每个数字触点与你的品牌互动。
- **交互设计：** 交互设计旨在定义交互系统的结构和行为。DXP 的 UI 设计帮助你以一种易于使用和理解的方式创建界面设计，使底层系统的状态更加清晰。通过对用户行为的细致分析，确保导航设计和应用可用性设计的流畅性，同时实现所有渠道和触点之间无缝的工作流程。
- **视觉设计：** DXP 注重视觉设计，利用最新的 Material CSS 设计方法，帮助你构建优雅且时尚的用户界面。这一原则确保了图像、色彩、字体和表单的合理使用，从而增强可用性并改善用户体验。

- **信息架构：** DXP 使你能够利用信息架构，将桌面应用、IoT 设备、IVR 和移动应用等各触点的客户交互数据整合到单一客户视图中。信息架构的原则是，通过数据分析以及持续学习与改进的方法，帮助你理解从这些触点生成的数据。这些数据被用于预测、分类、检测、自动化以及推荐系统，并结合人工智能（AI）和机器学习（ML）的概念与算法加以实现。

DXP 采用六层架构方法，以实现图 3-1 中的四项原则。如图 3-2 所示，即通过平台方法（触点、用户界面、集成、持续学习与改进、数据分析与数据交付以及基础架构）在所有数字触点上实现无缝体验。

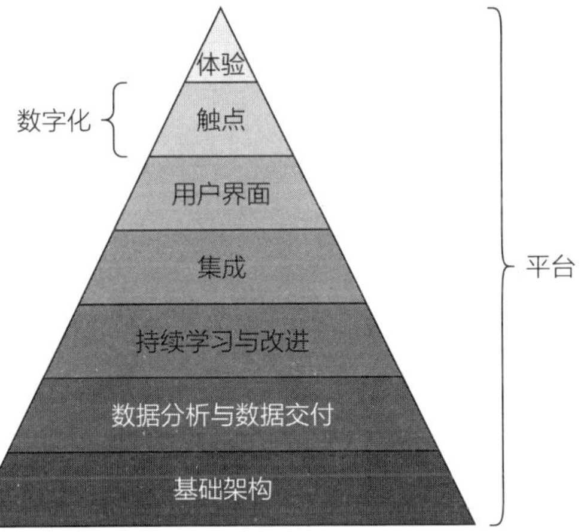

图 3-2　DXP

- **触点**（Touch points）：触点也称为交互渠道。每个组织都需要了解自己的数字战略，以便帮助组织确定触点需求，创造品牌价值。
- **用户界面：** 交互性强且直观的用户界面有助于组织提升其产品和服务的可用性。
- **持续学习与改进：** 持续学习能够帮助你改进业务流程并优化业务工作流。例如，利用 ML 算法和神经网络的聊天机器人或 AI 自动化技术，可以实现业务流程的自动化和优化。DXP 被设计为通过交易和学习引擎来理解上下文，在此过程中，你可以使用不同的 ML 算法解决预测、时间序列分析、推荐等相关问题。通过持续学习用户体验并理解客户的意图，你可以设计体验平台，从而创新服务和产品。

- **API 生态系统（集成）：** API 生态系统在构建数字业务和庞大的数字经济中发挥了关键作用。API 帮助你将业务和组织转变为平台。在系统集成、数据、物联网以及算法的连接中，API 起到了革命性的作用。在当今世界中，经济由 API 生态系统驱动，例如，优步（Uber）使用谷歌 API 构建了一个全新的业务平台；在线购买电影票时，API 用于验证客户的借记卡或信用卡信息。API 生态系统在使 AI、区块链和物联网等新兴技术相互连接并构建智能应用和设备方面，发挥着至关重要的作用。
- **直观数据：** 数据帮助你获得洞察力，识别模式，并根据最新趋势展示报告，这些趋势用于预测分析、用户行为分析和高级数据分析，从特定大小的数据集中提取价值。例如，你可以使用开源 NoSQL 数据库，它在存储大量数据时提供更好的性能，并且还提供分析和报告功能。DXP 还在考虑客户体验管理和客户关系管理的基础上进行设计。DXP 能够洞察客户对品牌的看法，并帮助组织了解其客户。通过接触点的互动，我们可以进一步追踪页面和 UI 组件，使组织能够跟踪用户体验，从而提供更好的客户体验。
- **快速交付（基础设施）：** 基础设施依赖于许多因素，决定了是选择无忧的、以应用为中心的平台（例如云基础设施），还是选择自有数据中心和虚拟化服务器。云基础设施提供更快的交付能力。应用程序应该是云就绪的，因为基于云的技术将有助于快速扩展基础设施。

DXP 的核心关注点在于通过以下平台原则提升关键领域：

- 组件的可复用性
- 组件的可扩展性
- 平台的稳健性与可扩展性

- 以性能、安全性和可用性为重点的质量保障

数字平台战略

数字平台战略的核心是设计一个生态系统，以便深入洞察用户需求、更快速地交付服务，并在所有渠道上提供一致的用户体验。基于 DXP 的组织具备内生的创新能力。平台化方法不仅能够提供无限的数字化能力，还可以通过更具创新性的方式解决与额外债务和成本（如库存、人员、账单和管理）相关的问题。

表 3-1 将帮助你建立 DXP 设计原则与其战略及平台化方法之间的关系，从而实现这些目标。

表 3-1　数字平台原则与战略

数字体验平台	设计原则	数字平台战略
触点，例如桌面设备、移动设备、平板电脑、智能设备（如 Amazon Fire Stick 和 Alexa 等） 用户界面	品牌价值 视觉设计 交互设计	选择触点 跨各触点的工作流程，以确保用户在所有设备上获得无缝体验
持续学习与改进 选择机器学习算法 选择神经网络（如 RNN、ANN 等） 选择人工智能（AI）API （如 tensorflow、pytorch 等）	信息架构	持续改进，包括使用和实施聊天机器人、预测分析、时间序列分析等
数据 数据库设计 数据库选择	信息架构	直观数据包括模式分析、数据存储策略，如选择 NoSQL 和 SQL 数据库，以及设计数据可扩展性的方法
集成 API 网关 ESB 方法 微服务或单体架构方法	交互设计	API 生态系统，包括选择微服务方法或单体服务方法的策略，选择 ESB 和网关进行 API 集成
基础设施	信息架构	快速交付的基础设施，包括平台的安全性、可扩展性和部署方法

表 3-1 中提供的数字平台战略有助于组织构建自己的 DXP。接下来，我

们将查看这些原则如何与 DXP 战略和设计相对应，如图 3-3 所示。

- **触点选择与设计：** 你可以选择通过物联网设备、Web 和移动端等渠道提供互动服务的触点，如图 3-3 所示。AR、VR 和 IVR 是基于这些触点构建的附加技术，使应用程序更加智能和互动。

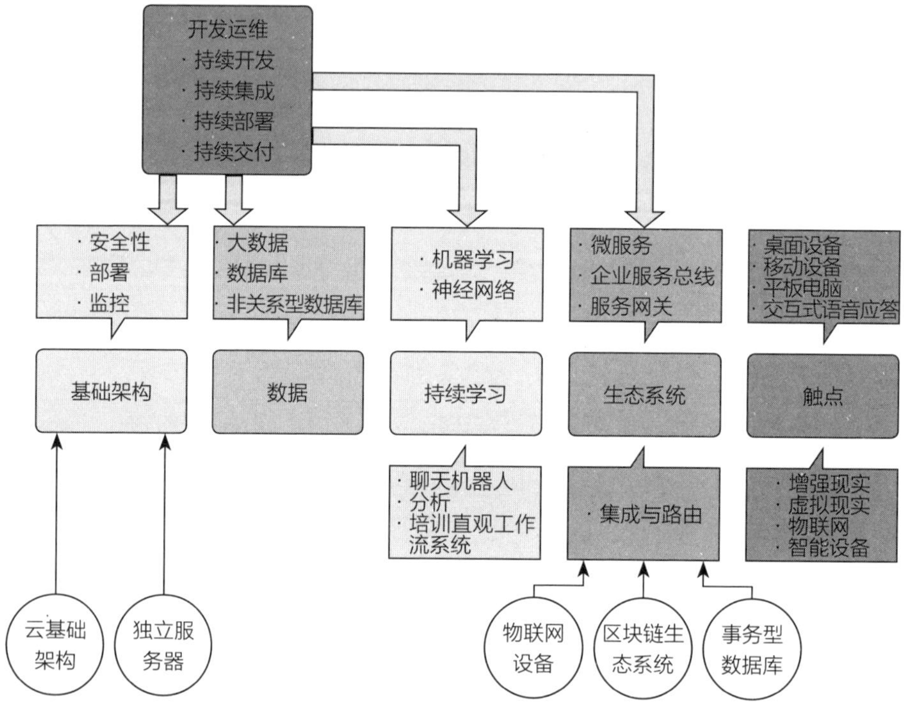

图 3-3 数字化平台策略

- **集成（API 生态系统）设计：** 通过整合来自不同服务（如 Web API）、数据库（事务型和非事务型）、设备（通过数据管道从物联网设备和智能设备收集的数据）以及系统（如区块链生态系统）的数据，可以利用 ESB 和 API 网关构建一个集成生态系统，从而实现多个系统、设备和应用之间的信息连接与传递，而不受所使用的技术、协议和框架的限制。
- **持续学习与改进设计：** 持续学习与改进能够帮助你的组织引入 AI 和 ML 能力，如图 3-3 所示。自然语言处理（NLP）提供的功能包括：构建高效的企业搜索引擎；通过交互式的方式使用聊天机器人解决用户面临的重复性问题；以及通过如果–否则（if–else）分析来预测、训练和测试为组织构建的 ML 和 AI 模型，以解决日常问题。在各个行业中，企业可以将应用程序转化为基于 AI/ML 的智能应用，这些应用能够通过物联网设备、手机等设备实现自动化。在本章中，我们将探讨用于开发 AI 自动化设计以及大数据和 NoSQL 设计的库和框架。

- **数据设计：**数据管道以及数据库设计和方法能够为你的业务提供大数据分析能力。尽管 AI 和 ML 非常强大，可以实现许多功能，但它需要大量的数据进行学习，因此，为了实时管理数据，应采用分布式数据方法，这也是引入数据管道的原因。
- **基础设施设计：**数字化战略需要为用户提供高性能的体验，无论其部署地点为何。根据构建 DXP 时所采用的应用设计和开发方法，你可以选择云基础设施或独立服务器基础设施。云架构和容器架构是 DXP 应用程序的核心动力，我们将在容器化章节中简要探讨容器化技术。
- **开发运维（DevOps）：**DevOps 涵盖持续开发、集成、部署和交付，能够帮助你更快地在 DXP 上开发和发布应用程序。如图 3–3 所示，应用程序通过 DevOps 的敏捷方法进行构建和部署，并集成了持续学习、直观数据和 API 集成等策略。

平台设计阶段

平台设计遵循软件开发生命周期（SDLC）阶段，这有助于确保质量、降低成本并节省时间。SDLC 阶段对于组织的 DXP 管理战略至关重要。设计过程分为五个阶段：**探索与分析需求、设计、原型开发、验证和交付**，如图 3–4 所示。首先你需要探索和分析需求，其次基于设计构建原型，在验证原型的基础上反复迭代，直到满足业务需求，最后在确保质量和完成测试后交付应用程序。

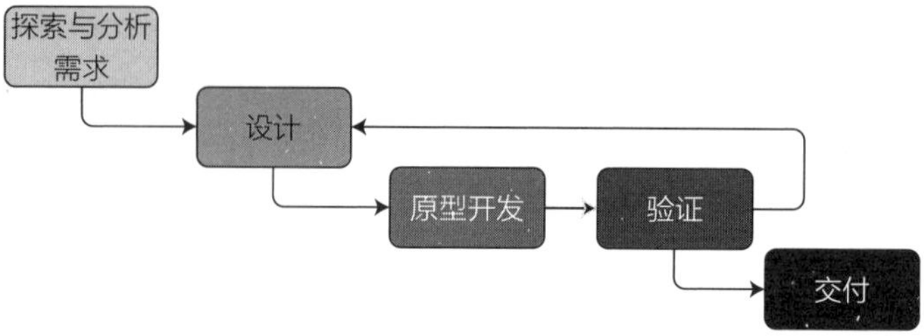

图 3-4　平台设计阶段

- **探索与分析需求：**在需求清晰之前，投资和 DXP 战略无法被准确估算。你需要深入理解需求的意图和问题陈述，正如我们在第 2 章中详细探讨的那样。
- **设计：**你将基于数字化需求开展战略设计工作。我们将在本章中详细探讨应用开发的战略设计，确保所有利益相关者参与设计过程。
- **原型开发：**对需求进行建模。在创建战略设计后，你将构建原型，这有助于通过优化流程帮助企业在产品和服务上实现创新。
- **验证：**始终进行验收测试。原型构建完成后，应根据设计验证原型是否符合需求。
- **交付：**一旦原型通过了功能需求和非功能需求的验证，接下来就要进行测试场景的测试。

在通过单元测试、集成测试、用户验收测试和预生产测试后，系统将进入生产环境。

架构层次设计

DXP 是一个灵活的平台，具备快速开发和创新的能力。DXP 提供了一个包含 CMS 的 Web 应用程序，并支持营销、目标用户定位、个性化、电子商务等功能。你可以为平板电脑、手机、桌面设备和物联网设备构建 Web 应用程序、移动应用程序、聊天机器人、AR、VR、AI 以及企业搜索引擎组件，如图 3-5 中的展示层所示。这些运行在不同设备上的应用程序通过集成层进行连接；你可以选择微服务架构或单体架构类型，并通过 ESB 和 API 网关公开所构建的服务。在访问数据访问层时，业务逻辑会被实现，并通过集成层对外提供，如图 3-5 所示。中间件层负责实现诸如可靠性、安全性、可访问性和可扩展性等非功能性需求（NFRs）。

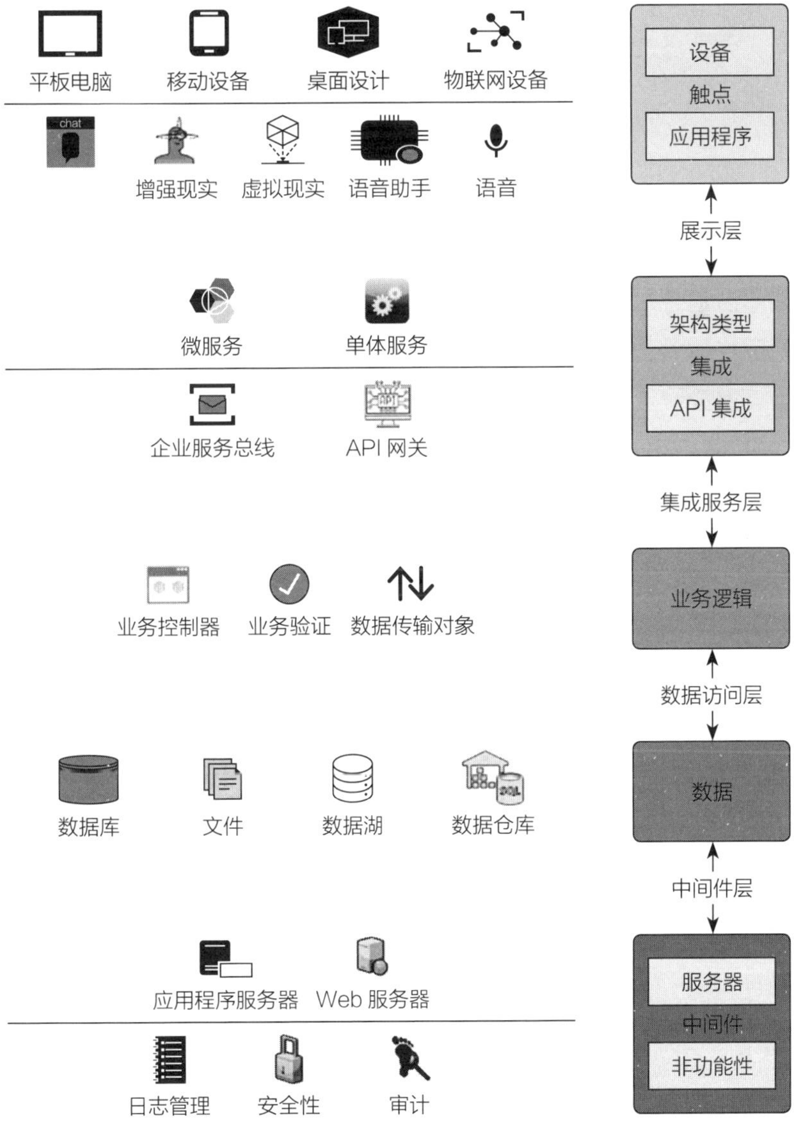

图 3-5　架构层次设计

在设计 DXP 应用程序时，每一层都至关重要。展示层帮助你确定用户在各触点的交互体验。服务层负责数据的互操作性。业务层帮助组织将业务逻辑与其他逻辑和验证分离。数据访问层管理并存储数据到数据库、文件、数据仓库（集成一个或多个数据源的中央存储库）和数据湖（用于存储大量原始数据的存储库）中。DXP 的设计帮助企业构建端到端的整体解决方案，从而最大化业务的可扩展性和运营能力。我们将在接下来的章节中详细讨论这些层次。

> 展示层

展示层包含用户体验和用户界面。这一层帮助理解应用的基本需求和复杂性。用户体验的好坏直接影响品牌价值。在设计用户体验路径时，必须考虑各个渠道或触点。

DXP 采用设计思维方法来确定接触点和用户体验路径。该过程包含五个阶段：理解、定义、设计、原型开发和测试。

- **理解：**在此阶段，你收集信息以了解要通过这些触点解决的问题。你的假设变得更加清晰，并能够深入理解用户在触点和渠道上的需求。
- **定义：**在此阶段，你将上个阶段收集的所有信息整理在一起，分析观察结果并清晰地定义问题。你将掌握设计工作流程的所有细节，基于图 3–6 中所示的接触点和应用来优化组织的工作流程。
- **设计：**在收集了前两个阶段的信息后，你可以开始构思并识别问题的解决方案。在此阶段，你将了解解决问题所需的技术栈和触点，并为选择的触点设计用户体验界面和 UI 组件的模型。
- **原型开发：**在原型开发阶段，你将创建一个低成本的简化版模型，用于探索问题和解决方案。这个阶段可以视为概念验证阶段。
- **测试：**在此阶段，你将测试原型的解决方案。测试是一个迭代过程，生成的结果可能会重新定义问题，并帮助重新设计解决方案。

图 3-6　触点

第 4 章详细介绍了为移动设备、平板电脑和桌面设备设计用户界面层的内容。如图 3-6 所示，聊天机器人、VR、AR、Alexa 和语音助手，增强了用户体验路径。这些是与 DXP 移动端、平板端和桌面端 Web 应用连接的附加功能。物联网（IoT）设备被视为智能设备，它们通过传感器感知用户输入，并将输入传递给 IoT，应用程序根据输入采取行动并提供适当的输出。我们将在本章后续部分详细讨论聊天机器人、VR、AR、Alexa、语音助手和物联网的设计。

在为 Web 应用设计展示层时，需要考虑不同的设计方法，例如移动优先或桌面优先。DXP 采用移动优先的设计方法，因为移动优先思维有助于优化应用的内容设计，而内容对于应用程序至关重要。

脚本框架

在为 Web 应用程序选择脚本框架时，应该考虑模块化程度和可维护性，例如使用 Angular 或 React（图 3-7）。这两者都是适配技术栈的基于组件的模块化编程方法，但各有优劣。例如：React 的优势在于虚拟 DOM，可以高效管理内存；而 Angular 的优势在于双向数据绑定。

React Native 或 Native Scripts 用于开发移动设备和平板电脑的混合应用程序。React 或 Angular 技术栈与 CSS 框架（如 Bootstrap、Foundation 等）结合，能够提供移动和平板设备的响应式用户界面。我们将在第 4 章详细讨论这些 CSS 和脚本技术栈。

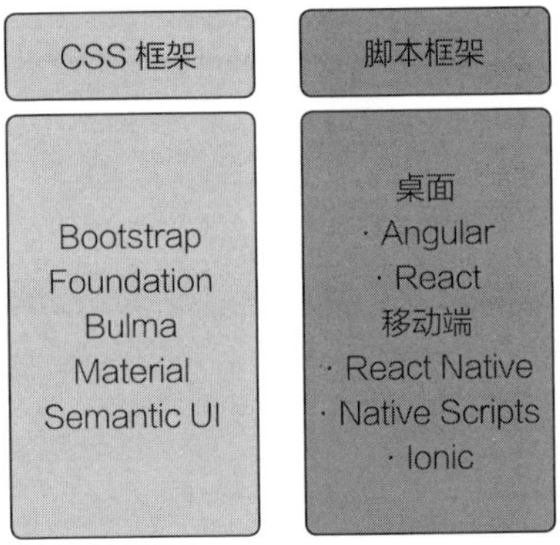

图 3-7　CSS 和脚本

UI 管理

UI 管理提供了组织和处理 UI 脚本的能力。它可以帮助你管理 UI 组件及其依赖项，你可以从图 3-8 中选择合适的包管理器、模块打包器、任务执行器和测试框架。

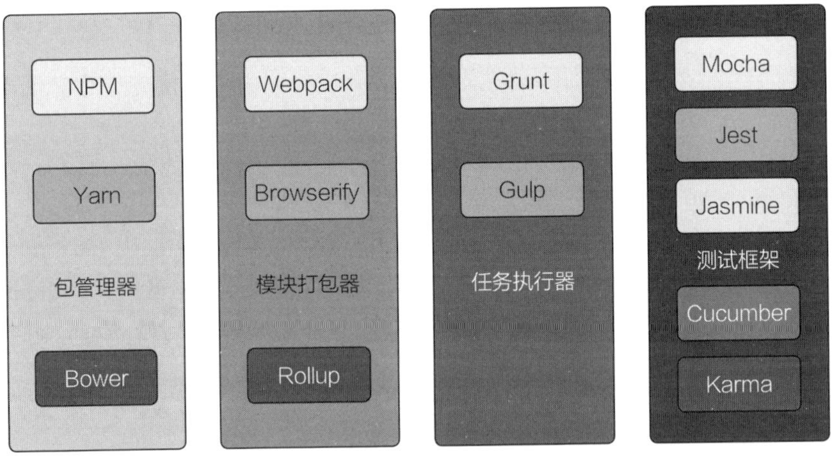

图 3-8　UI 管理

- **包管理器：**JavaScript 包管理器将帮助你管理包依赖项，包括安装、配置和移除 UI 项目中的依赖模块。

- **模块打包器：**使用打包器是按照特定顺序将一组模块（依赖项）组合成单一单元的过程。你可以使用 Webpack、Rollup 或 Browserify 作为模块打包工具。
- **任务执行器：**任务运行器可以通过执行各种任务来帮助你维护 UI 代码，如监控文件、压缩文件、校验 JavaScript 文件等。你可以使用任务运行器，如 Grunt 或 Gulp，如图 3-8 所示。
- **测试框架：**JavaScript 测试框架允许你进行跨浏览器测试；某些框架为你的 UI 应用程序同时提供测试环境和测试结构。你可以使用这些框架生成、显示并监控测试结果。测试框架可以应用于两种开发环境：测试驱动开发（TDD），一种用于编写和运行测试的流程；行为驱动开发（BDD），它让你能够用简单的英文文本定义应用程序的行为。

决定 UI 设计的步骤如下：

1. 选择兼容的 CSS 和脚本框架以及技术栈（图 3-7），并选择合适的包管理器，如 Yarn、NPM 或 Bower（图 3-8）。

2. 选择合适的模块打包器。

3. 选择任务执行器（如果需要）。

4. 根据所选的 Angular 或 React 技术栈，选择合适的测试框架，如 Mocha、Jest、Jasmine、Cucumber 或 Karma（图 3-8）。

UI 部署

构建 DXP 的 UI 应用程序后，你可以将静态内容部署到 Web 服务器。Web 服务器负责处理负载均衡、代理服务、Web 服务、安全控制和监控服务。

Web 和 HTTP 缓存存储静态项目（如 HTML 页面、图片等），这样可以让应用更快地交付静态内容。你可以通过多种方式部署静态内容，如图 3-9 所示。

Varnish 缓存与 Web 服务器的结合是一种独特的组合，能够更快速地交付内容。你可以根据自身需求选择 Web 服务器，如 Microsoft IIS、Nginx 或

Apache Web 服务器。如图 3-9 所示，客户端向 Varnish 发出请求，Varnish 将静态内容回复给客户端；如果请求的内容未缓存于 Varnish 缓存中，则将请求转发至 Web 服务器。Varnish 与 Web 服务器的结合能够提供负载均衡、代理服务器、Web 服务、安全控制以及监控服务等功能。

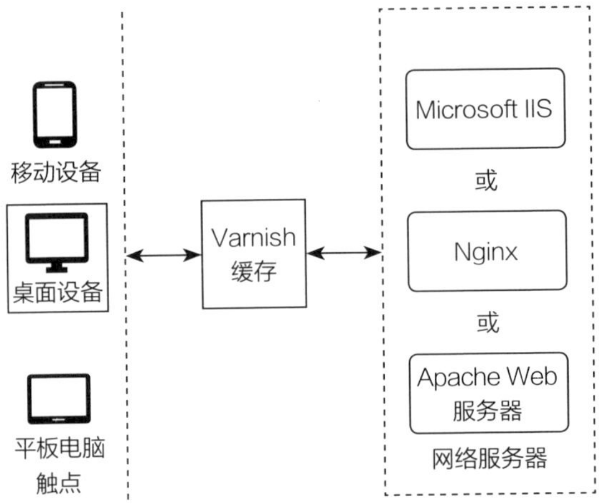

图 3-9　HTTP 加速器、Web 缓存和 Web 服务器

› 集成层

DXP 的集成设计通过统一的业务流程将数据、应用程序和人员整合在一起，例如信息门户、通用业务功能、面向服务的架构（SOA）或分布式业务流程。集成方式有两种：松耦合和高耦合。

松耦合集成与高耦合集成

松耦合原则通过消息形式减少了组件和应用程序之间的信息交换推测（图 3-10）。消息以特定格式发送，例如 JSON 或 XML。松耦合是异步的，而紧耦合解决方案本质上是同步的，当需要更改时容易引发中断（图 3-11）。在数据消息交换之前，系统会使用 Connect 和 Ack（确认）消息建立连接。集成方式已经从 RPC（远程过程调用）和 RMI（远程方法调用）显著演变，支持的平台和框架包括 CORBA、Java RMI、RPC-Web 服务、SOAP 服务、单体式 REST 服务以及微服务。

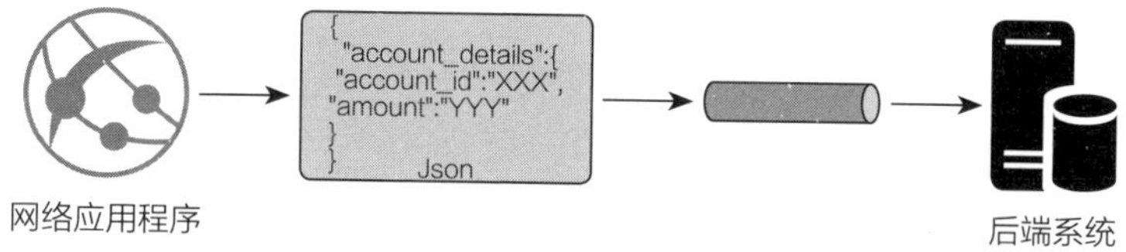

图 3-10　松耦合

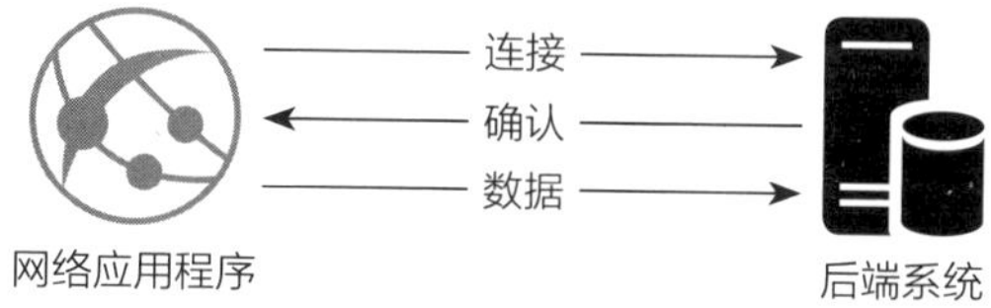

图 3-11　高耦合

集成通过集成模式和解决方案帮助你整合多个平台。主要的集成模式如下。

- **信道模式**：这些模式提供了跨信道传输消息的方法。图 3-12 中的消息信道展示了点对点信道、发布–订阅信道、消息总线等模式。
- **路由模式**：这些模式用于路由消息，如图 3-12 中的消息路由所示。它们基于一系列条件，接收来自一个信道的消息并将其发送到另一个信道，且不对消息进行修改。
- **转换模式**：这些模式用于改变消息内容，如 XML 到 JSON 的转换（也称为消息翻译）。
- **端点模式**：这是一个消息系统，客户端可以接收或生成消息。它定义了端点，供其他应用程序使用。图 3-12 中展示了消息端点、消息网关和消息调度器。
- **管理模式**：这些模式用于处理应用程序中的错误、性能分析和日志记录。
- **消息结构**：消息封装了数据，并包含消息事件。它负责构建消息并保存返回地址。

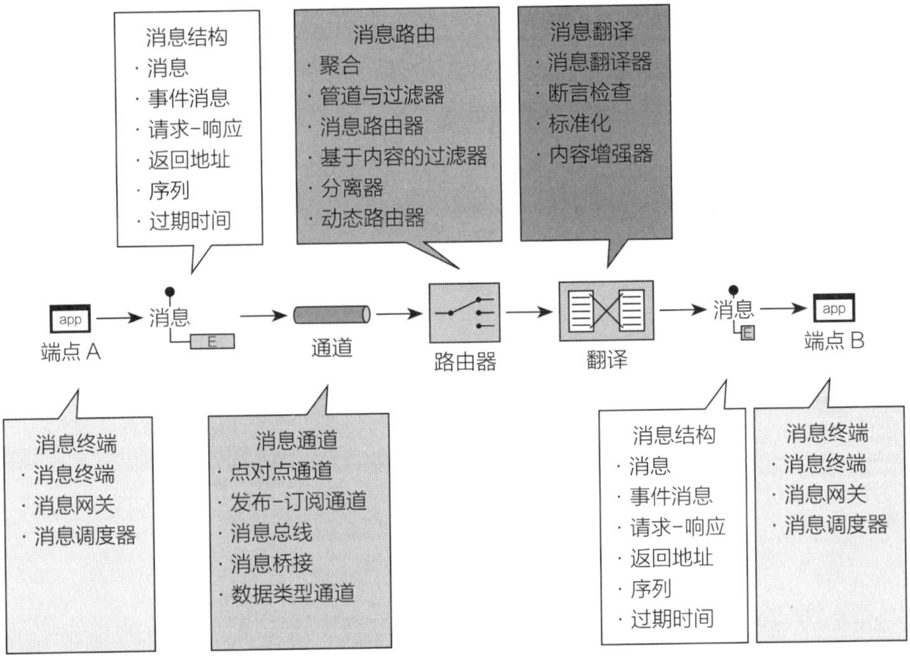

图 3-12 集成组件和模式

这里提到的模式有助于构建服务，并解决从端点 A（应用程序 A）到端点 B（应用程序 B）的集成问题。这些模式封装了设计知识，因此无论使用何种集成技术，都能帮助解决集成问题。

我们将在第 5 章详细讨论以下消息模式和消息组件：

- 消息
- 消息信道
- 管道与过滤器
- 消息路由器
- 消息翻译器
- 消息端点

以下是不同的集成架构，例如信息门户、通用业务功能和分布式业务流程架构。这些架构有助于解决常见的集成问题，如聚合器模式架构、B2B 架构和 SOA。

- **聚合器模式架构：**在许多业务流程中，为了完成一个业务功能，你需要访问多个系统以执行某个业务功能。因此，信息门户将来自多个来源的信息进行汇总，展示一个全局视图。例如，你需要从业务流程 1、业务流程 2 和业务流程 3 获取数据，将这些数据聚合后显示在仪表板上，如图 3-13 所示。

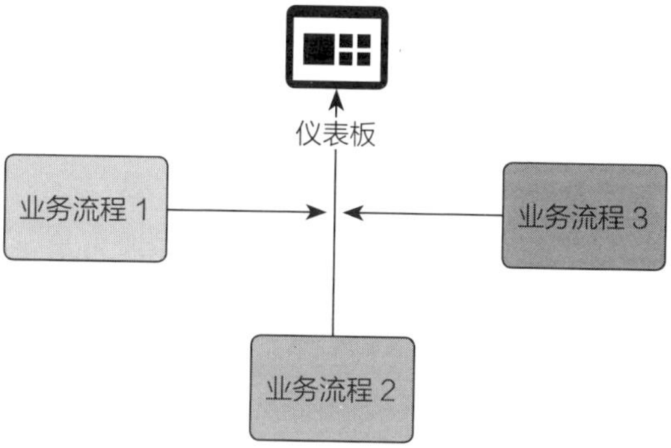

图 3-13 聚合器模式

- **B2B 架构：**有时需要集成来自第三方供应商或业务合作伙伴的业务功能或流程。例如，银行提供账单支付和充值功能，因此需要集成来自第三方供应商的公共事业服务。在这种架构中，我们集成了组织外的两个系统或业务流程，这些系统之间直接通信。
- **SOA：**共享业务流程和功能，也称为服务。当组织收集了一组服务后，服务总线架构提供的工具让调用外部服务几乎像使用常规方法一样简单。在这种架构中，所有服务通过公共总线与 DXP 应用程序通信，如图 3-14 所示。业务流程 1、业务流程 2 和业务流程 3 的服务通过总线通信，并通过公共总线提供给 DXP 应用程序。

第 5 章将详细讨论集成层的设计。集成层主要处理不同应用程序之间的数据互操作性，涉及使用多种协议和数据格式。我们还将在这一章深入探讨微服务、REST 服务、ESB 和 API 网关的相关内容。

DXP 架构支持微服务和单体服务架构，因为它能够将应用程序拆分为多个模块化服务，使集成结构更灵活。ESB 和 API 网关可以帮助扩展基于微服

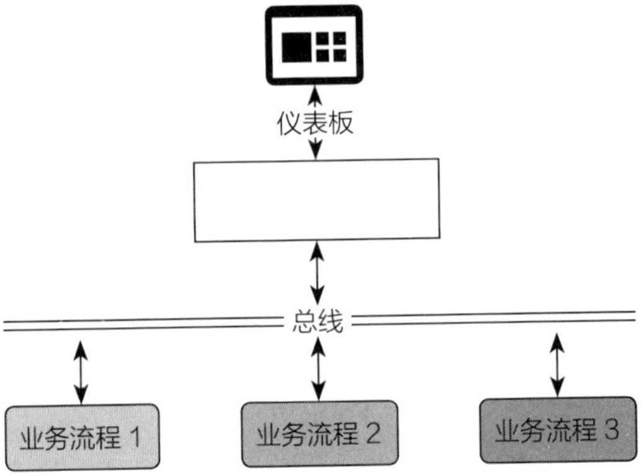

图 3–14 SOA

务和单体架构构建的服务，如图 3–15 所示。微服务是独立运行的轻量级服务，每个服务都包含一个独立的业务功能。与单体应用相比，微服务的优势如下：

- 服务使用 REST 通信。
- 服务是松耦合的。
- 扩展更加容易。
- 可以实现服务隔离：即使一个服务失败，其他服务也能继续运行。

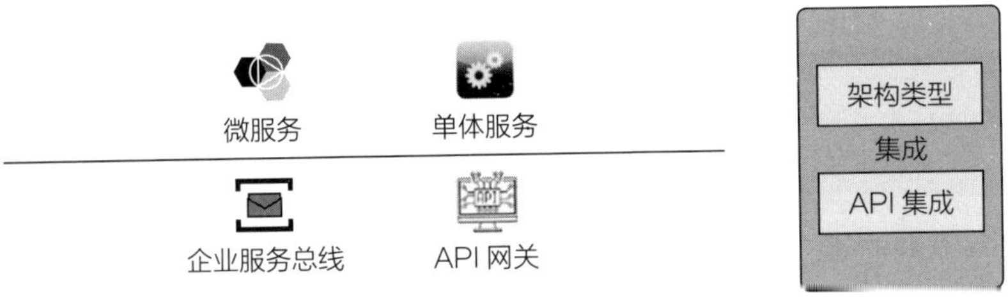

图 3–15 集成

你可以使用容器化技术构建这些微服务，并通过 Kubernetes 进行编排。使用 Kubernetes 和容器构建微服务的优势如下：

- 可以快速部署和交付多个服务。
- 基于 Kubernetes 构建的服务可以跨不同环境部署。

使用 Kubernetes 集群可以快速且低成本地创建测试环境，如 SIT、UAT

或预生产环境。

设计集成层的步骤如下：

1. 选择适当的架构类型，例如微服务架构或单体服务架构。

2. 为需要集成的业务流程选择合适的消息模式。

3. 选择符合业务需求的框架，例如：

- 对于大规模应用，可以使用 Apache Camel 作为轻量级企业服务总线（mini-ESB）。
- 对于中型应用，可以使用 Apache CXF 作为服务框架。
- Spring Boot 与 Apache Camel 的结合可用于构建微服务。

4. 在所有参与集成的系统之间达成关于认证细节、数据格式、服务端点和服务协议的共识。例如：

- 确定数据格式的细节，如集成的服务将使用 XML 或 JSON。
- 确定服务端点和细节，如服务的 URL、端口号及其调用方法（动词）；如 POST、GET、PUT、DELETE。
- 确定服务协议的细节，如 RESTful 或 RESTless。
- 确定认证细节以及用于在两个系统间通信时保护数据的加密解密算法，例如，服务传递的认证令牌。

> 业务层

DXP 提供了一个独立的业务层，确保集成逻辑和应用逻辑不会影响到业务逻辑的正常运行。如图 3-16 所示，业务层包含了业务控制器、业务验证和数据传输对象（DTO）。

图 3-16　业务层

业务控制器负责接收和回应请求，具体职责包括：

- **重定向：** 可以将应用程序的控制权转交给业务服务。
- **业务日志记录：** 可以在应用程序的业务控制器中记录请求和响应日志。
- **授权：** 可以集成授权逻辑，用于检查用户是否有权限访问特定业务控制器中的数据。

业务验证或服务负责根据业务规则和逻辑对从数据访问层接收的 DTO 进行过滤和处理。处理完成后，对象会被发送回发起业务服务请求的特定业务控制器。业务服务的职责包括以下内容：

- **模型绑定：** 从数据访问层接收到的数据将映射到业务服务中。
- **业务规则验证：** 在业务服务中，验证如空指针异常、空白检查等业务规则和校验项。

DTO 与数据层交互。存储在数据库中的记录会映射到实体对象，这些实体对象会请求数据存储库中的相应表。随后，实体对象被发送回业务服务层，在业务服务层进行处理，处理后的对象再发送回业务控制器，如图 3-17 所示。业务控制器会重定向到相应的业务服务，而业务服务会访问从 DTO 和数据访问层的 DAO（数据访问对象）接收到的数据。

> 数据层

数据访问层负责简化对存储在数据库中的数据的访问，如图 3-17 所示。此层包含一个 DTO，DTO 映射到数据库表，表中的每一列对应 DTO 的一个成员。DAO 帮助通过简单对象实现创建、删除、修改或查询实体的操作。

DAO 设计模式用于实现数据持久化层。基于抽象和封装设计原理，能够将数据层的变动（例如从 MySQL 更改为 PostgreSQL，或从数据库更改为文件系统）与应用程序的其他部分隔离。例如，DXP 应用程序通过数据库进行用户认证，但如果后来决定切换到使用 LDAP 和 SAML 的 SSO，那么使用 DAO 的用户只需在数据访问层进行调整，应用程序的其他部分不需要修改。

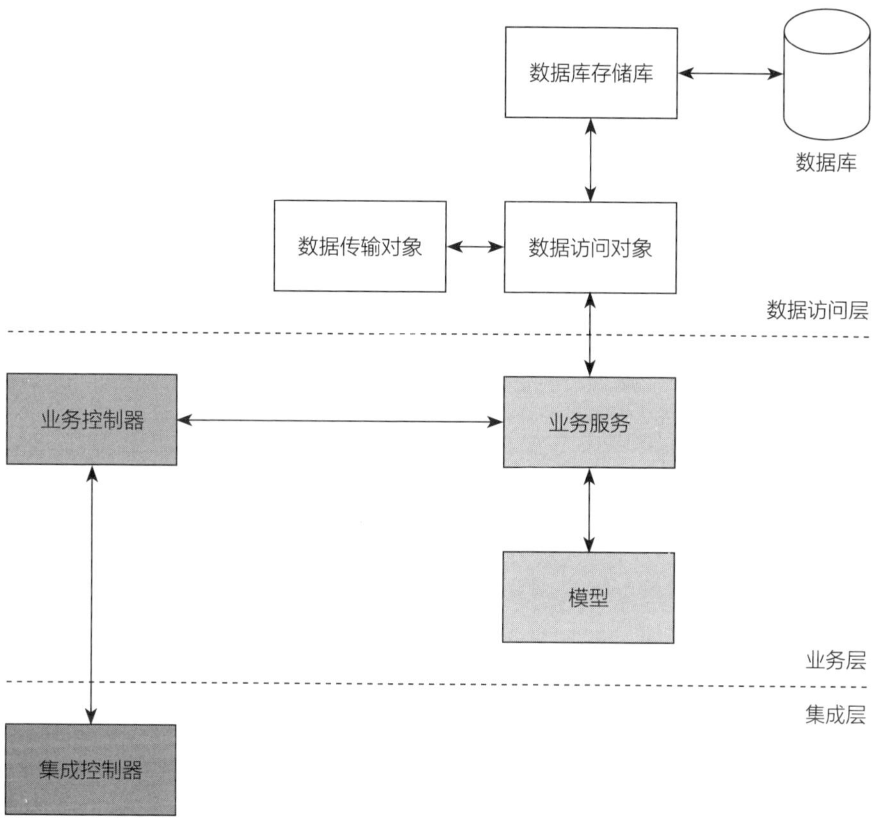

图 3-17　业务层与数据访问层的关系

Java 项目通常使用 JPA 和 Hibernate 框架访问数据库中的数据。数据还可以从文件、数据湖、NoSQL 数据库、SQL 数据库等多种来源进行访问，如图 3-18 所示。

图 3-18　数据

> 中间件

中间件作为基础设施，帮助部署和管理复杂的业务应用程序。DXP 应用程序的不同组件可能采用多种编程语言、协议和框架进行开发。中间件提供了相应的服务，并协助实现非功能性需求（图 3-19），包括事务并发、事务监控、安全认证与授权、事务日志记录、事务审计和分布式处理。

图 3-19 中间件组件

中间件是一组相互连接的组件，分布在不同位置，提供可靠性、可扩展性和可维护性等特性。因此，中间件简化了应用程序的访问。它提供负载均衡服务器、Web 服务器和应用服务器等功能。CMS 支持中间件基础设施，助力应用程序的开发和交付。

在开发和部署 DXP 应用时，应仔细关注中间件层的各个组件，包括应用监控、服务器监控、应用日志记录、服务器日志记录和审计等。如图 3-20 所示，前端应用程序（UI）将部署在 Web 服务器上，而后端应用程序将部署在应用服务器上。后端应用程序包含多个层次和组件，如身份认证与授权、日志记录和审计。

- 应用监控：确保应用程序的各项流程按预期执行。
- 服务器监控：确保服务器及操作系统的健康和可用性，包括带宽、CPU 利用率、内存利用率和磁盘使用率等。
- 应用日志记录：确保将错误、信息事件和警告记录到日志文件中，帮助排查用户报告的问题。
- 服务器日志记录：记录由服务器生成的错误、信息事件和警告，服

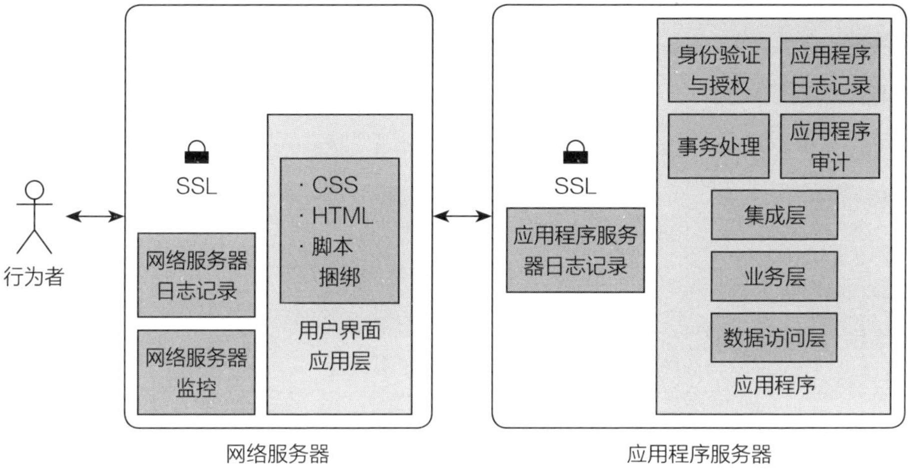

图 3-20　中间件

务器自身监控其活动。

- 审计：确保用户在应用程序上的所有操作都被记录在审计文件或数据库中，便于后续检查和审查。
- 事务处理：启动并与集成层和业务层交互，确保系统中的事务的可靠性和一致性；若事务失败，则进行回退操作。

> 社交与协作设计

你可以将协作工具（如 Gerrit、Jira、Rocket Chat、Slack 和 Yammer）集成到 DXP 应用中。这些工具提供 RESTful API，可以轻松实现与 DXP 应用的集成。

你还可以集成社交平台，例如推特（Twitter，现改名 X）和 Facebook。这些平台提供认证 API，支持通过这些 API 对应用程序进行身份验证。利用 Facebook 和 Twitter 的 API，你可以将推文和帖子嵌入你的应用程序中（图 3-21）。DXP 的 UI 层会从用户处收集认证信息，并将其传递至第三方社交平台（例如 Facebook 或 Twitter）。这些平台会返回访问令牌，以便 DXP 应用进一步与这些平台交互并获取用户数据。

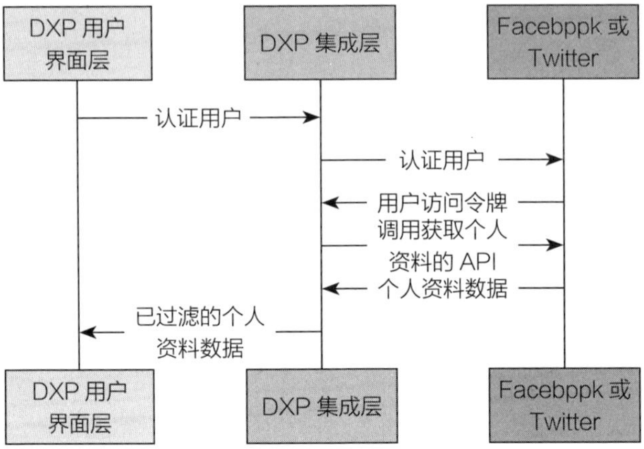

图 3-21　社交集成

协作是通过人与人之间的对话来实现目标，包括提问、收集答案和获取反馈。协作本质上是社交互动，是完成工作的一种方式（图 3-22）。传统的商业协作方式是通过带附件的电子邮件，但这种方式通常较慢、烦琐且效率低下。因此，为了解决协作问题，基于微博客、社交网络和维基的社交软件解决方案被集成到 DXP 中，以提高效率和互动性。

图 3-22　社交与协作需求

像 Instagram、Facebook 和 Twitter 这样的社交软件应用由于强大的社交驱动力，迅速被广泛采用。当用户通过某个应用程序互动时，你需要为此构建社交网络，并选择能够整合微博、社交网络、动态个人资料以及自动化活动推送的解决方案。你需要综合考虑多个因素，以决定哪些社交软件解决方案将与 DXP 集成。你可以集成 Wiki 以便进行信息共享、Facebook 身份验证以及 Feed API，以将用户的社交互动与 DXP 集成，从而进一步提升用户体验。你还可以实现基于规则的聊天机器人，用于自动处理用户的常见问题。

- **实时聊天：**实时聊天是客户服务工具之一，通过网站或移动应用程序中的聊天窗口提供实时聊天功能。
- **聊天机器人：**你可以将聊天引擎集成到DXP应用中。聊天机器人引擎分为两种类型：基于规则的引擎和基于机器学习预测的引擎。具体选择哪种引擎与DXP集成，应根据你的需求和工作流决定，如表3-2所示。

表3-2 聊天机器人

引擎	用途
Facebook机器人	适用于Facebook Messenger的交互
Slack机器人	用于自动化开发团队的互动
Chat fuel	专注于市场营销、销售和客户支持的机器人
Dialog flow	基于人工智能的聊天机器人

- **Wiki：**可将开源企业Wiki（如TWiki）集成到DXP应用中，帮助团队无缝协作并提升生产效率。
- **博客：**可集成博客框架（如WordPress）到DXP应用中，用于团队之间的知识分享。
- **日历：**可将Google Calendar API集成到DXP中，用于规划工作和与Google日历交互。
- **论坛：**论坛是一种消息板，按主题分组，用户可以发布帖子或回复团队成员的帖子，如Vanilla Forums。
- **知识管理门户：**知识管理门户是一种虚拟工作空间，用于促进不同用户之间的知识共享，同时支持访问结构化数据并组织非结构化数据，例如Plumtree和Woolmani。可将其集成到DXP中以优化组织的知识管理。
- **与Facebook、LinkedIn和Twitter的外部集成：**可将社交媒体API集成到DXP应用中，实现信息流整合和单点登录认证。

IoT 集成设计

物联网（IoT）是一项快速发展的技术，能够帮助构建数据采集网络，用于优化系统并开辟新的交互渠道。

DXP 是一个能够快速适应新兴技术的平台，旨在应对主要挑战。DXP 引领组织走向创新，为企业提供智能化支持和建议。

物联网系统通过传感器从数据中提供运营洞察，并通过将分析和 ML 集成到物联网设备中以增强智能化能力。物联网正在有效地将数字世界与物理世界连接起来，帮助信息系统与现场数据进行通信和集成，并使实时使用这些数据成为可能。

物联网主要分为三个层次，如图 3-23 所示：物理感知层、物联网集成层（也称中间层）和物联网应用层。

- **物理感知层：**物理感知包括传感器（如温度传感器、接近传感器、压力传感器等），以及开发板（也称原型板），如 Arduino、Raspberry Pi、Edison 等，用于从环境中采集数据。此外，手机及其传感器（如麦克风用于语音命令、接近传感器、加速度计等）也属于感知层的一部分。传感器分为被动传感器和主动传感器：被动传感器无须外部电源，而主动传感器则需要外部电源以感知外部环境。

  模拟传感器产生连续信号，数字传感器则产生离散信号。
- **物联网集成层：**物联网集成层将设备收集的数据整合到 NoSQL 数据库和分布式计算平台（如 Apache Spark 和 Hadoop）中。传感器获取的数据可以存储在云端，用于后续仪表板的创建和分析。该层也被称为中间件层，负责确保安全性和服务质量（QoS），并提供 IoT 网关功能。你可以通过集成物联网框架（如 Iotivity、AllJoyn 和 Eclipse-Kura）将此层实现到 DXP 应用中。
- **物联网应用层：**物联网应用层汇总设备采集的数据，并将 ML 功能应用于这些数据。洞察、预测以及相关数据通过 Web 服务暴露给用户界面仪表板和分析应用程序。Apache Spark 和 Apache Kafka 等

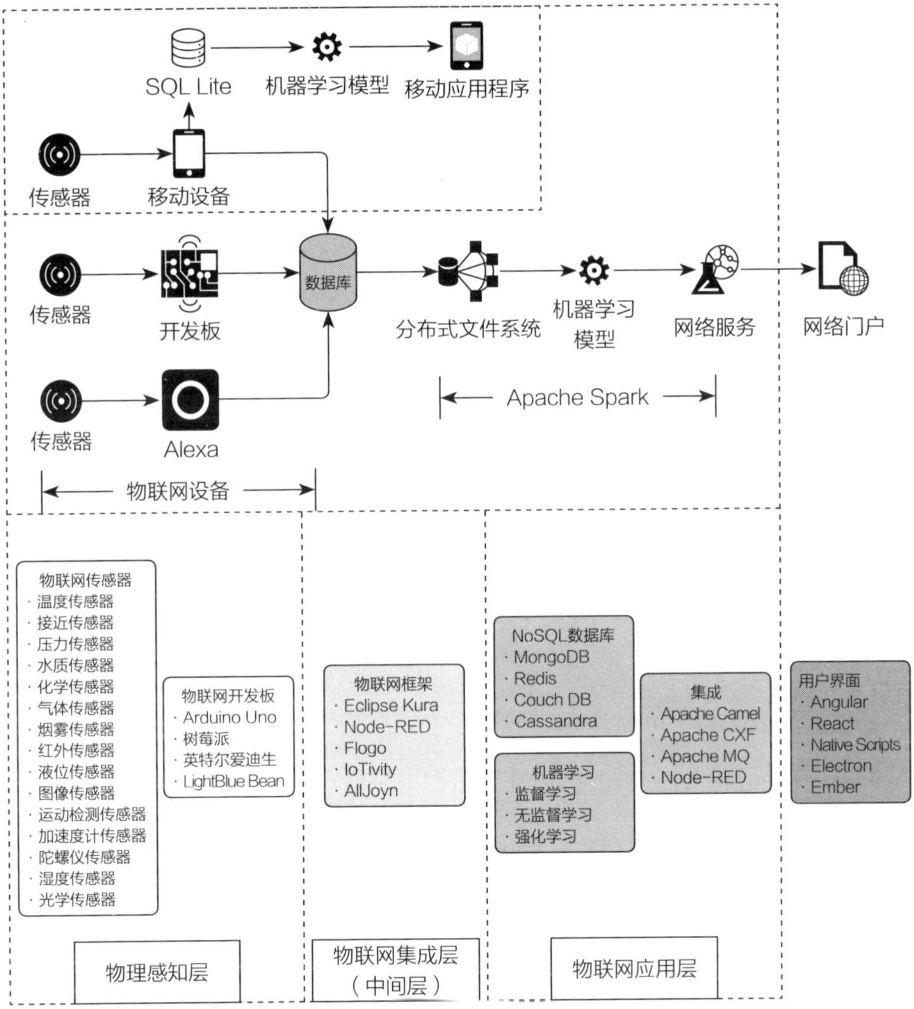

图 3-23　物联网集成

框架能够实时管理 IoT 数据，支持数据管道和流处理模式，为组织提供 IoT 应用的实时洞察。在此层中，可使用 TensorFlow、Apache OpenNLP、Apache Tika 等机器学习和 NLP 库，用于情感分析、图像分析、文档分析、时间序列分析等处理。IoT 数据还可以帮助识别机器的常见趋势，从而更准确地理解应用程序可能的故障原因。

在设计的每一层，你都可以根据需求运行各种 ML 库。如图 3-23 所示，

IoT 集成包括四个开源组件：

- **数据采集：** 从外部环境（如传感器和开发板）中采集数据。
- **数据存储：** 利用 NoSQL 数据库存储采集到的数据。
- **管理：** 通过 IoT 框架和平台实现集成，支持从多个位置的传感器组中收集数据并进行通信。
- **可视化与操作：** 通过 UI 应用程序实现时间序列 IoT 数据的可视化，并利用机器学习进行高效、灵活的处理。

基于 SOA 架构的 IoT 框架（如 ARIoT、AllJoyn、Iotivity 等）对 IoT 集成大有裨益。这些框架提供了数据互操作能力，并支持 API 层的开发。物理感知活动会生成事件，这些事件通过 MQTT 等通信协议传输到服务（中间件）层。随后，事件通过事件总线推送到 REST API，实时更新结果会反映在 Web 门户和移动设备上。

IoT 案例分析

将 AI/ML、大数据和区块链等技术与 IoT 相结合，在未来的 IoT 应用场景中将发挥巨大价值。以下案例将帮助你更好地理解 IoT 的应用和实现方式，便于在组织中实施基于 IoT 的解决方案。

- **资产追踪：** 物流企业已经通过 IoT 实现了资产追踪。借助 IoT，企业可以实时掌握资产的具体位置。为资产附加标签传感器，不仅提升了效率，还有效解决了资产定位难题。IoT 支持的设备能够显著提升工作效率和生产力。
- **智慧城市与实时流数据：** 智慧城市依托互联技术，使城市更加智能化和现代化，通过数据洞察来提升安全性、经济发展和生活质量。

实时数据流借助流处理引擎、数据管道和 IoT 技术推动智慧城市的建设。通过将城市范围的信息网络连接到传感器和 DXP，可以实现自动化街道照明、垃圾管理、数字化公交路线以及智能停车等服务。

- **数字钱包：** IoT 可以扩展设备的支付自动化功能，例如通过数字钱包进行支付。数字钱包可以绑定到多种设备上，例如，绑定在汽车上的数字钱包能够自动支付燃油费、道路税等费用。

- **IoT 智能支付合约**：智能合约是一种计算机程序，用于验证并执行合同条款。通过 IoT 设备采集的数据，智能合约可以被触发，系统通过与银行的协作自动完成扣款操作。
- **可穿戴设备银行服务**：随着 IoT 生态系统的快速发展，许多银行已通过可穿戴设备（如 Apple Watch）提供服务。可以通过为现有的可穿戴设备开发应用程序，实现无接触式数字支付。将 IoT 设备与 DXP 集成，可进一步提升用户的使用体验。

> 区块链设计

区块链是一种用于记录交易或事件的技术，这些记录会被精确复制到网络中的每个节点。每个节点都拥有一份不可编辑或删除的记录副本。本节将探讨区块链的基本概念、智能合约、区块链平台及其设计组件，并结合一个用例进行详细分析。以下通过“书”与“图书馆”的类比来帮助理解区块链。

什么是区块链?

通过“书”与“图书馆”的类比可以更容易地理解区块链的概念。众所周知，会计账簿被称为账本，账本中的每一页以顺序的方式与其他页面相连接，而这些页面上记录了交易信息。

在这个类比中，每一“页”可以看作是“区块”，而整本账簿可以看作是“区块链”。

什么是分布式账本?

一个被复制且一致的账本版本分布在多个“图书馆”中。“图书馆”可以通过观察、比较以及与其他“图书馆”达成共识，来检查和验证一本“书”的真实性和一致性。如果一个账本分布在多个“图书馆”中，这可以被视为分布式账本的一个完美类比。分布式账本没有中心化的信任机构。

“图书馆”可以被看作节点。每个节点都有一个一致版本的账本。

交易以区块的形式被添加到账本中，区块的添加需要参与区块链网络的节点达成共识（图 3–24）。

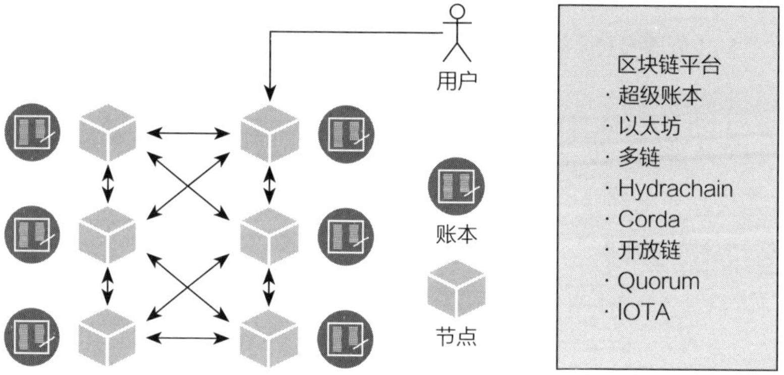

图 3–24　区块链

智能合约

智能合约是一种自执行的计算机程序，用于参与者之间就资产达成协议。该合约存在于分布式且去中心化的区块链网络中。例如，在银行应用场景中，账户可以被视为资产，而银行和账户持有人是参与者。参与者是区块链网络的用户，可以基于资产编写包含预定义协议的智能合约。

智能合约会依据参与者在网络中的交易自动执行。合约执行的所有事件及相关交易都会被记录在区块链网络中，并存储在区块链上。这些交易被附加到区块链中，因此具有不可更改的特性。

区块链平台

DXP 能够将其应用的不同组件部署并与区块链平台集成。支持的区块链平台包括 Hyperledger、Etherum、Multichain、Hydrachain、Corda、Openchain、Quorum 和 IOTA，如图 3–24 所示。

DXP 与区块链网络

在将区块链与 DXP 集成时，涉及以下三种类型的网络：

- **企业网络**：企业网络包含现有的应用程序和组织数据，数据可能部署在独立的基础设施或云基础设施中（图 3–25）。
- **公共网络**：组织的数据通过 REST API 暴露到公共网络中。经过身份验证后，应用的用户（如分析员、管理员、审计员、操作员和业务用户）可以以分析图表、监控服务、API 管理和区块链浏览器的形式访问授权数据（图 3–25）。
- **区块链网络**：区块链网络包含区块链组件，如智能合约、账本与交易、电子证书、成员服务、公私钥基础设施以及互操作性。这些组件还包含事件和通信协议（图 3–25）。

区块链分为两种类型：公共区块链和私有区块链。在公共区块链中，任何人都可以参与网络、运行网络操作并维护账本；而在私有区块链中，身份服务会管理成员的角色和职责，仅允许区块链成员运行网络操作并维护账本。此外，DXP 支持集成开源的私有企业区块链网络。

区块链组件

区块链平台由多个组件组成，用于构建和管理区块链网络，并支持部署智能合约。这些组件包括：共识层、智能合约层、网络通信层、数据存储层、加密层，以及身份管理和 API 管理等服务（图 3–25）。

- **共识层**：共识层的功能是收集有效的交易并将其整理到一个区块中。经过网络中参与节点的共识，新区块会被添加到区块链中。不同的区块链平台可以选择不同的共识算法，包括：工作量证明、权益证明、委托权益证明、权威证明、实用拜占庭容错和拜占庭容错。
- **智能合约层**：智能合约层负责处理交易请求，并通过执行业务逻辑来判断交易是否有效。智能合约由区块链开发人员在区块链网络中进行开发和部署。

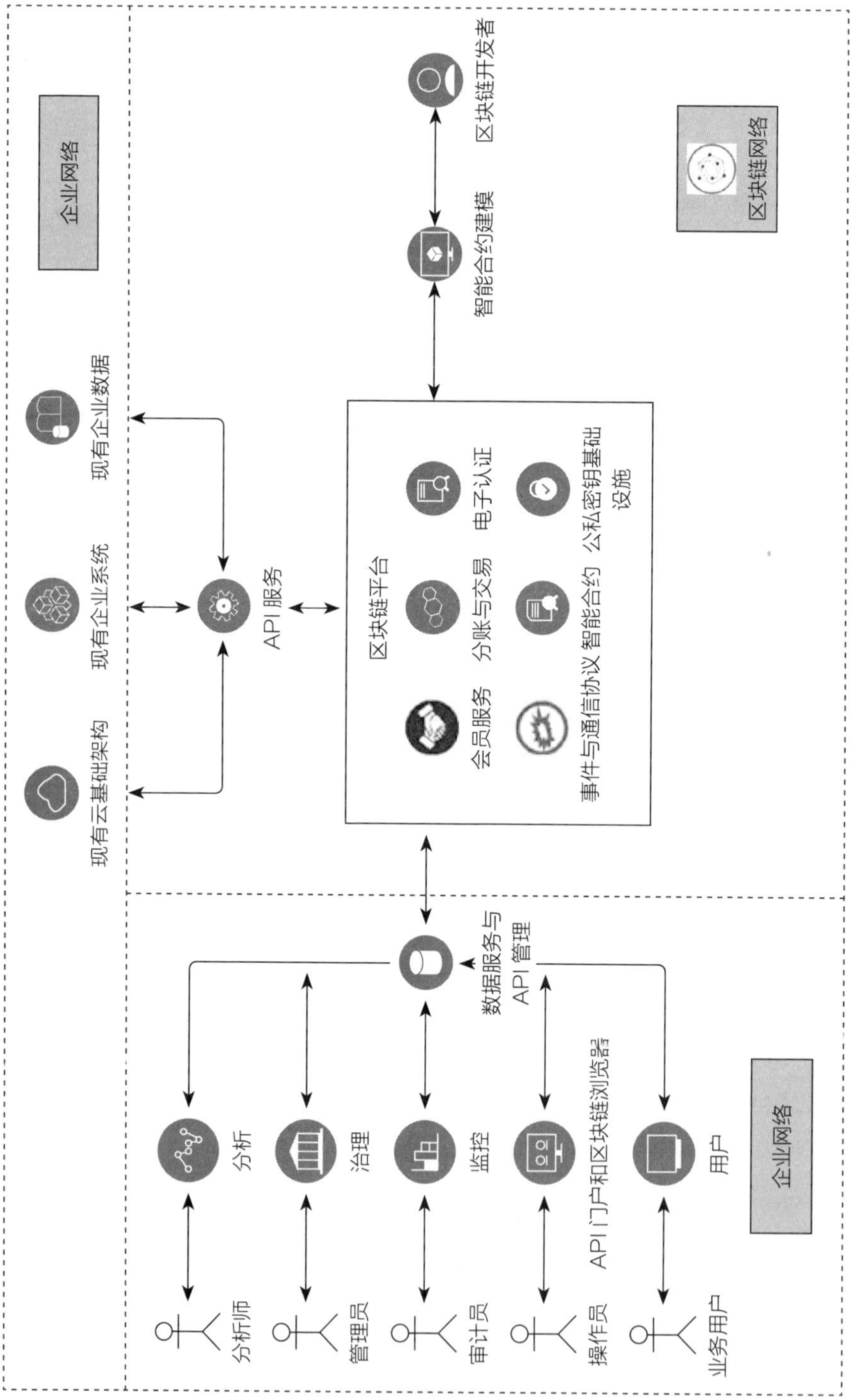
企业网络
现有云基础架构
现有企业系统
现有企业数据
API 服务
区块链平台
会员服务
分账与交易
电子认证
事件与通信协议
智能合约
公私密钥基础设施
智能合约建模
区块链开发者
区块链网络
数据服务与API 管理
分析
治理
监控
API门户和区块链浏览器
用户
企业网络
分析师
管理员
审计员
操作员
业务用户

图 3-25 区块链架构

- **网络通信层：**网络通信层负责在网络节点之间实现点对点消息传输，同时支持不同区块链实例之间的互操作性。
- **数据存储层：**数据存储层为模块中的不同组件提供多样化的数据存储支持。
- **加密层：**加密层包含多种加密算法，支持模块化设计。这些加密算法可以被替换，而不会对其他模块或层产生影响。
- **身份服务：**身份服务包括电子证书和公钥基础设施，用于在区块链实例设置时建立信任。在网络运行期间，它与成员服务交互，用于完成身份或系统实体的注册和认证。此外，身份服务还提供身份验证和授权功能，以便访问区块链网络中的事件和交易。
- **数据服务与 API 管理：**数据服务与 API 管理支持客户端及其他 DXP 应用与区块链应用和网络的交互。

区块链案例研究

区块链或分布式账本技术可以应用于多个场景，确保账本记录的不可篡改性和透明性，同时为跨行业和跨组织的用户提供一个通用平台。以下简要介绍了客户身份认证、电子健康记录、数字身份、信用证、存在证明、理赔管理、忠诚度与奖励等应用场景。

- **客户身份认证：**基于区块链的 KYC 流程利用数字身份帮助银行识别客户。系统会创建并存储一个数字签名在区块链系统中；数据通过与客户的数字签名关联，客户使用其私钥进行解密。
- **电子健康记录：**区块链为患者提供一个生态系统，使其能够在区块链网络中控制并存储健康记录。患者可以授予或撤销医疗机构和医生访问其记录的权限，同时医疗机构可以通过分布式账本将医疗记录和测试结果追加到患者的区块链中。
- **数字身份：**基于区块链的数字身份管理平台采用数据加密技术，有效防止身份盗窃。用户可以选择通过不同渠道与指定对象共享特定数据。

- **信用证**：你可以使用区块链技术，将信用证作为银行家或投资者与供应商之间的智能合约部署，以保证支付。如果产品和服务按照买方的要求交付，并符合智能合约中规定的所有条件，合同将依据各方提交的文件自动执行。这些文件用于验证信用证是否满足规定的运输期限和要求。通过智能合约中的程序逻辑，可以将这一过程实现自动化，从而高效地指示并检查合规或不合规情况。
- **存在证明**：存在证明也称为文件或记录在区块链上的真实性验证。文件的发布者或创建者将文件及其哈希值上传到区块链网络，验证者可以通过上传文件来检查文件的真实性。区块链应用会计算验证者上传文件的哈希值，并将其与区块链网络中存储的哈希值进行匹配。
- **理赔管理**：区块链技术使理赔流程更加透明，并易于审计。智能合约可以根据理赔流程进行建模，并部署在区块链网络中。理赔智能合约能够自动且安全地完成从覆盖范围验证到理赔确认的所有流程步骤。
- **忠诚度与奖励**：基于区块链的忠诚度与奖励平台能够在各利益相关方之间提供并保持透明性。

多个奖励计划和积分卡可以整合到一个平台中，用户可以在任何地方自由地使用奖励，无须任何限制。

大数据与 NoSQL 设计

大数据分析能够揭示组织数据中隐藏的模式。通过将可操作的洞察集成到 DXP 中，你可以创建高效的数据流，通过连接 DXP 与多个数据源来实现学习、预测和采取行动，并应用 ML 算法以更好地理解客户需求。

大数据与 NoSQL 集成

大数据解决方案通常基于开源项目，如 Apache Spark、Hadoop 和 Kafka。这些项目支持从多个数据源收集数据，并提供分布式处理能力。通过结合

ML 算法和数据可视化方法，大数据分析不仅能提升分析效率，还为管理层提供决策支持（图 3-26）。本节将深入探讨大数据的核心组件，包括提取、转换与加载过程、支持高效预测数据流的 ML 模型、搜索与查询 Web 服务，以及 NoSQL 数据库的应用。

提取、转换与加载：

- 你可以使用开源的大数据流处理引擎（如 Apache Spark）从多个数据源加载数据。它可以访问多种数据源，包括 Hadoop 分布式文件系统、NoSQL 数据库和 SQL 数据库。
- 数据集中的元素集合会存储在分布式集群的内存或磁盘上。
- 数据帧（Data Frame）的创建用于帮助轻松处理大型数据集。Spark 的数据集和数据帧提供了一种 API，开发人员可以通过该 API 轻松地对领域对象执行转换操作。

训练与测试预测数据模型：

- 根据问题的特性，可以选择适合的机器学习算法，如监督学习、无监督学习或强化学习。
- 借助 Spark 的 ML.lib 或其他机器学习库（如 TensorFlow、PyTorch 等），数据科学家能够专注于数据问题和模型开发，而无须处理分布式数据的复杂性（如基础架构和配置）。
- 机器学习算法通常涉及一系列任务，包括数据预处理、特征提取和模型拟合，用于识别异常值。对于 Apache Spark，ML Pipeline 是其提供的高阶 API，能够高效处理多阶段任务，并利用分布式处理能力提升性能。

- **数据流与处理：**

数据流处理帮助数据工程师和数据科学家实时处理多种来源的数据，这些来源包括 Apache Kafka、Rabbit MQ、Redis 简单消息队列和 Flume 等流引擎。

- **搜索与查询 Web 服务：**

已处理的数据可以通过 Web 服务推送到文件系统、数据库或实时仪表板。

Web 服务通过 UI 仪表板向用户开放，如图 3-26 所示。用户可以通过 Web API 发起查询。这些 API 会与基于机器学习的训练模型交互。模型会加载并处理实时数据，将预测结果返回至数据库和 UI 仪表板。

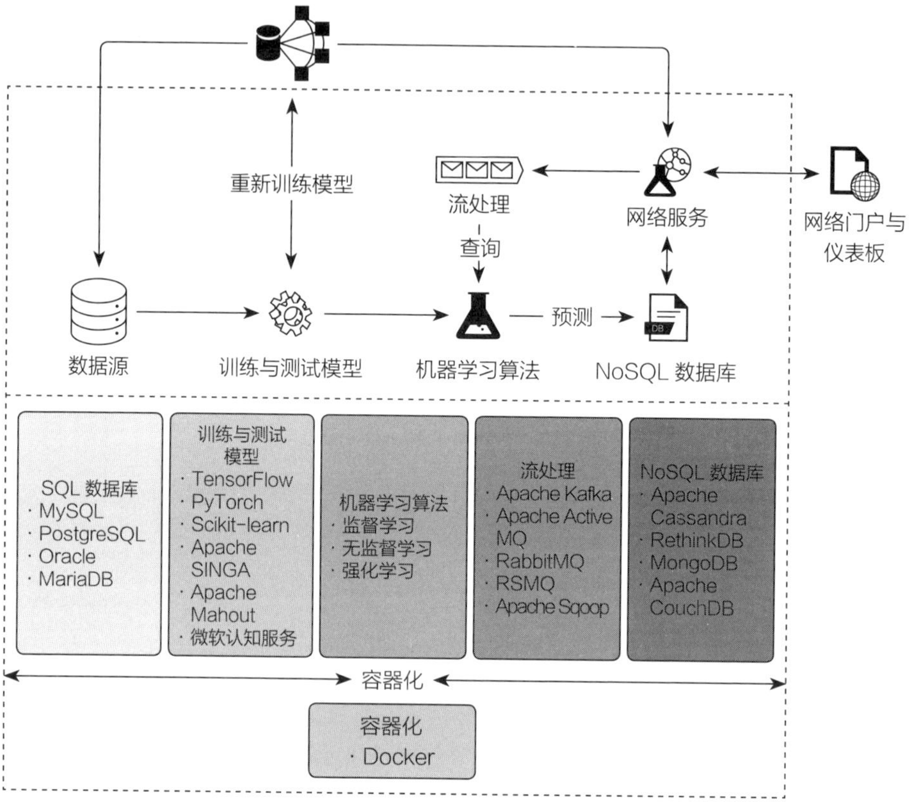

图 3-26　**大数据与 NoSQL**

- **NoSQL 数据库：**在分析应用中，若需接收实时海量数据并更新仪表板中的最新数据，推荐使用 NoSQL 数据库。与 SQL 数据库相比，NoSQL 数据库在搜索和查询方面效率更高。表 3-3 总结了在大数据解决方案中采用 NoSQL 数据库的主要优势。

表 3-3　SQL 与 NoSQL 的对比

SQL 数据库	NoSQL 数据库
关系型数据库	非关系型数据库
使用固定的模式	使用动态模式
基于表的数据存储方式示例：MySQL、SQL Server 等	支持键值对、文档、图形数据库等多种存储形式示例：MongoDB、CouchDB 等
使用标准的 SQL 语言定义和操作数据	使用非结构化查询语言从文档集合中查询数据
支持垂直扩展	支持水平扩展
适用于基于事务的系统	适用于移动应用、实时分析、内容管理系统等

- **容器化：**应用程序由多种框架、库、工具和技术构建，并与其运行环境一同封装到一个独立的容器中。该容器可以部署在虚拟机、云基础设施或单机环境中。

大数据与 NoSQL 案例分析

以下是基于上述设计的大数据应用场景：

- **基于 IoT 模型的算法：**企业可以结合 IoT 模型与 ML 算法，从历史事件中获取洞察并做出智能决策，这为金融机构制定更明智的投资策略提供了支持。创新性地使用大数据和 IoT 还可以为业务带来更多可能。例如，银行可以通过行为分析研究客户在不同分行的访问记录和资金交易，将这些分析结果融入业务模型，设计以客户为中心的交易和个性化优惠。
- **员工参与度：**利用大数据分析可以跟踪员工的工作表现。分析不仅帮助企业理解员工生产力，还可以确保员工的工作效率。

> 人工智能自动化设计

人工智能自动化由传统自动化和机器人流程自动化（RPA）组成，其中 RPA 是一项新兴技术。传统自动化主要用于自动化处理各种重复性任务，通常出现在基于工作流的应用程序中；而 RPA 则模拟人类在系统和应用中的操作，实现类似人类交互的任务自动化，其主要目标是用虚拟劳动力替代人类执行的重复性任务。AI 的应用领域已被分类为多个方向，包括 RPA、语音识别、NLP、深度学习、ML 以及聊天机器人（Chatbot）。自动化设计的流程是首先明确自动化目标，然后构建 AI 模型。

确定自动化目标

你需要制定明确的自动化策略，以清晰定义自动化的应用方式和范围。在确定自动化策略后，可以将其与预定义的自动化系统进行映射，从而帮助选择适用于 DXP 的框架和算法，例如基于 NLP 的解决方案或基于数据预测的解决方案。

构建 AI 自动化模型的步骤

构建 AI 模型的基本流程包括创建训练和测试数据集，并应用机器学习或神经网络算法来开发 AI 模型。主要步骤如下（图 3-27）：

- **数据预处理**：数据预处理是构建 AI 模型的第一步。数据集会根据具体问题陈述被加载、清理并处理。
- **构建模型**：利用机器学习、深度学习算法和神经网络构建模型，通常借助 TensorFlow、PyTorch 等机器学习库实现。
- **训练模型**：使用训练数据集对模型进行训练，以便为后续预测任务做好准备。
- **测试模型**：测试模型时使用不同于训练集的新数据集。通过输入测试数据集获取预测结果，并将其与测试集中的真实输出值进行比较。
- **改进和调整模型**：通过调整参数和权重对模型进行优化，提升模型的表现和预测准确性。

图 3-27　AI 自动化模型

聊天机器人案例研究

大多数常见的 AI 解决方案是通过 TensorFlow、Python 和 Spark 构建的。AI 策略专注于解决特定的业务问题，并通过定义好的数据集支持问题的解决。

聊天机器人是一种基于 NLP 技术开发的程序，旨在模拟人类对话，解决特定领域的问题和查询请求。聊天机器人主要包括三部分：展示层、机器人引擎层以及事务和数据处理系统，这些组件通过 DXP 集成现有系统与聊天机器人引擎（图 3-28）。

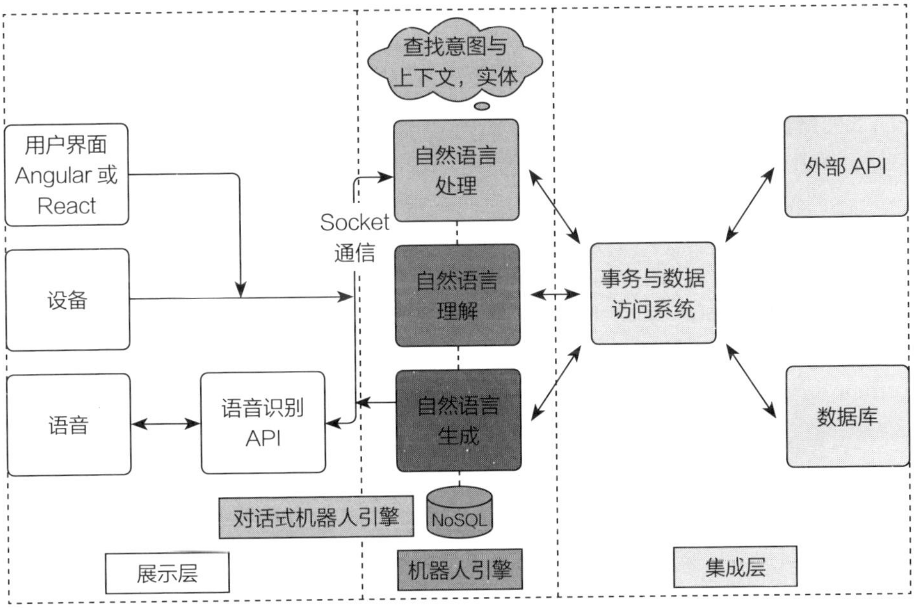

图 3-28　聊天机器人与 DXP 的集成

- **展示层**：提供聊天界面，可以是自定义 UI（如 Angular、React）或原生移动应用。用户通过文本、语音或视觉与该层交互，输入通过 WebSocket 通信和 REST API 传递到后端层。
- **机器人引擎层**：使用开源机器人框架创建针对特定用例和领域的机器人模型。该框架支持 NLP、NLU 和 NLG 技术，用于处理、理解和生成自然语言。

- NLP：理解用户输入的文本或语音，解析用户的意图。
- **自然语言理解（NLU）：** 该功能帮助应用程序理解用户的意图，并根据意图采取相应行动。在理解意图后，可以调用 API 与外部系统交互，实现信息的获取或存储。
- **自然语言生成（NLG）：** 在理解意图并从其他系统和数据库获取信息后，需要生成结果消息，并将消息返回给客户端。
- 你可以使用开源的聊天机器人框架（如 Botpress、WIT.ai 等），或利用聊天机器人平台服务（如 Chatfuel、Dialogflow 等）来构建聊天机器人。也可以通过 ML 和 NLP 库，结合循环神经网络（Recurrent Neural Network）和词袋模型（Bag-of-Words Model），创建自定义框架。
- **与遗留系统的集成：** 如果你正在为企业构建聊天机器人，那么很可能需要与 CRM、ERP 以及核心银行系统等集成。你需要通过 REST API（外部接口）将聊天机器人与外部系统集成。

企业搜索引擎

企业搜索引擎用于从组织内部的多个数据源（如数据库、文件和内网）中搜索内容。其核心组件包括：

- **处理：** 多种来源的数据格式可能不同，处理组件将文档转换为纯文本并进行标准化，从而提高搜索的精度和召回率。标准化处理包括：
  - 词干提取（如将“texting”归为“text”）；
  - 词形还原（如将“studies”归为“study”）；
  - 词性标注。

数据通过分析器处理，并生成有意义的术语或词汇。

- **索引：** 处理后的文本被存储到索引中，便于快速查找。索引由索引器负责管理，并包含所有词汇的唯一索引及其排名信息。
- **查询处理：** 用户通过 Web 应用执行查询，查询会通过查询解析器和分析器分解为术语和操作符。

- **匹配：**处理后的查询与字典中存储的索引进行匹配。

Apache Lucene 通过搜索索引而非全文，实现了快速的搜索响应。

- **Elastic Stack：**Elastic 技术栈基于 Apache Lucene 构建，包含多种组件，用于开发企业搜索解决方案（图 3-29）。
- **Beats** 收集数据并解析后，将其推送到 Elasticsearch，以便进行日志分析。
- **Logstash** 支持连接多种数据源，例如 Web API、社交服务、IoT 传感器、数据库，以及 Kafka 和 Redis 等数据流。Logstash 收集数据后，通过管道传输到 Elasticsearch 进行进一步处理和分析。
- **Elasticsearch** 是一个基于 Apache Lucene 的搜索服务器，支持分布式全文搜索引擎功能，并通过 RESTful Web 服务与外部交互。其核心功能包括数据存储和索引。
- **Kibana** 是一个分析和可视化平台，通过查询 Elasticsearch 来实现数据可视化。用户可以通过其仪表板和图表直观地展示搜索查询结果，或者基于自定义 UI 满足特定领域和字段的搜索需求。

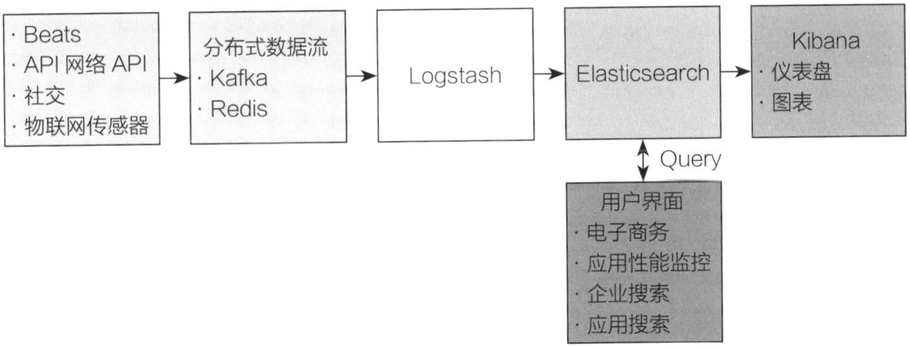

图 3-29　Elastic Stack

Elastic Stack 可以部署在 Elastic Cloud 上，也可以作为独立集群部署。它可以用于电商应用中，通过终端用户进行数据筛选，例如按品牌名称或产品的其他特性进行筛选。同时，它还可用于应用性能监控；应用服务器的日志数据可以通过 Beats 加载到 Elasticsearch 中，并通过 Kibana 在仪表板上显示关键绩效指标（KPI）分析。

- **Solr Stack：**Solr 技术栈包含多个组件，可用于构建企业搜索解决方案（图 3-30）。
- **Apache Solr** 通过连接器从多种数据源（如数据流、文件、应用程序数据库和文档）收集数据，并向 Banana 提供可视化所需的数据参数。
- **Banana** 是基于 Kibana 的分叉项目，与 Apache Solr 配合使用，支持可视化和数据探索功能。

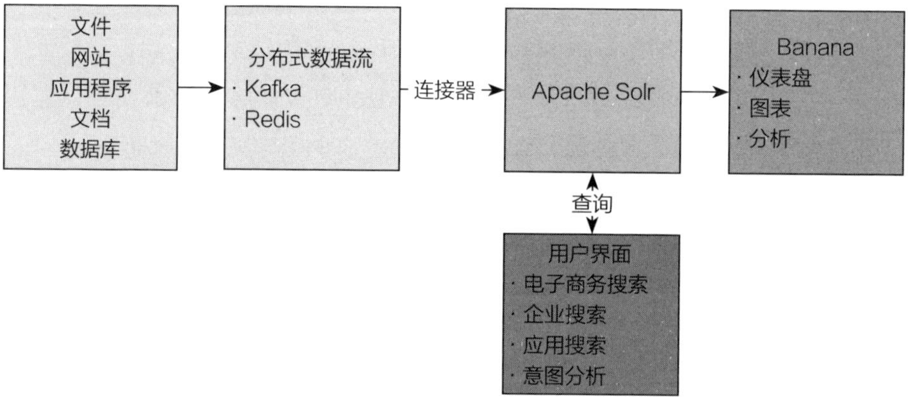

图 3-30 Solr Stack

它提供丰富且灵活的 UI，支持用户构建端到端的搜索应用。另外，Banana 提供表格视图，用户可以深入查看结果集中的文档数据。

用户可以根据具体领域需求开发自定义 UI 组件。Solr Stack 可部署为独立模式或集群模式。

增强现实与虚拟现实集成

AR 由展示层和集成服务层两部分组成（图 3-31）。

展示层

支持将 AVR 框架（如 ARcore 和 ARkit）集成到 DXP 的核心展示层中，为移动端、Web 和桌面应用提供增强现实与虚拟现实功能。

- **基于标记的 AR 应用：** 需要预先提供目标图像，并利用摄像头数据（帧）识别硬编码的内容。
- **基于位置的 AR 应用：** 无须预先提供目标图像，而是通过识别摄像头帧中的颜色、图案、边缘等特征来进行目标识别。此类应用需要依赖多种传感器以确定位置和方向。

集成服务层

在识别特征和模式后，需要将其与基于 AI 的算法以及集成框架（例如云端集成或基于 ESB 的集成）结合，以支持现有应用的适配。这种集成能够从现有的 DXP 应用中获取相关数据（图 3-31）。当摄像头帧提取出特定特征和模式后，可以通过编程操作将目标对象呈现在屏幕上。

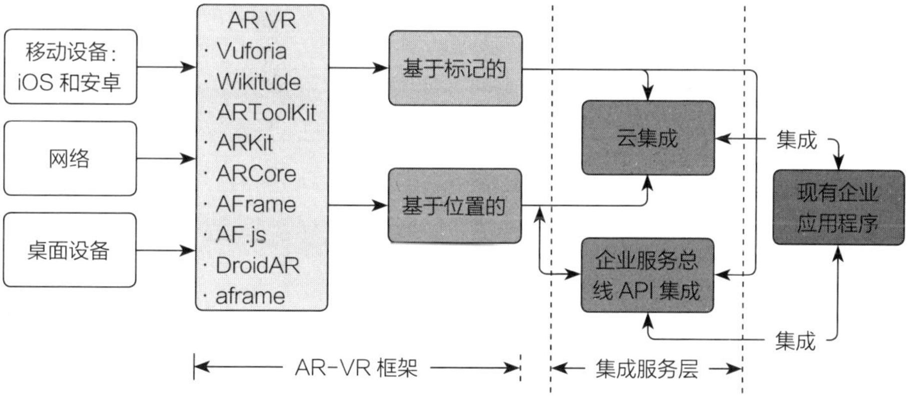

图 3-31　增强现实集成

> DevOps 的最新趋势

当前，DevOps 的发展趋势是通过容器化技术构建应用程序，并利用 Kubernetes 将其部署在节点集群上（图 3–32）。

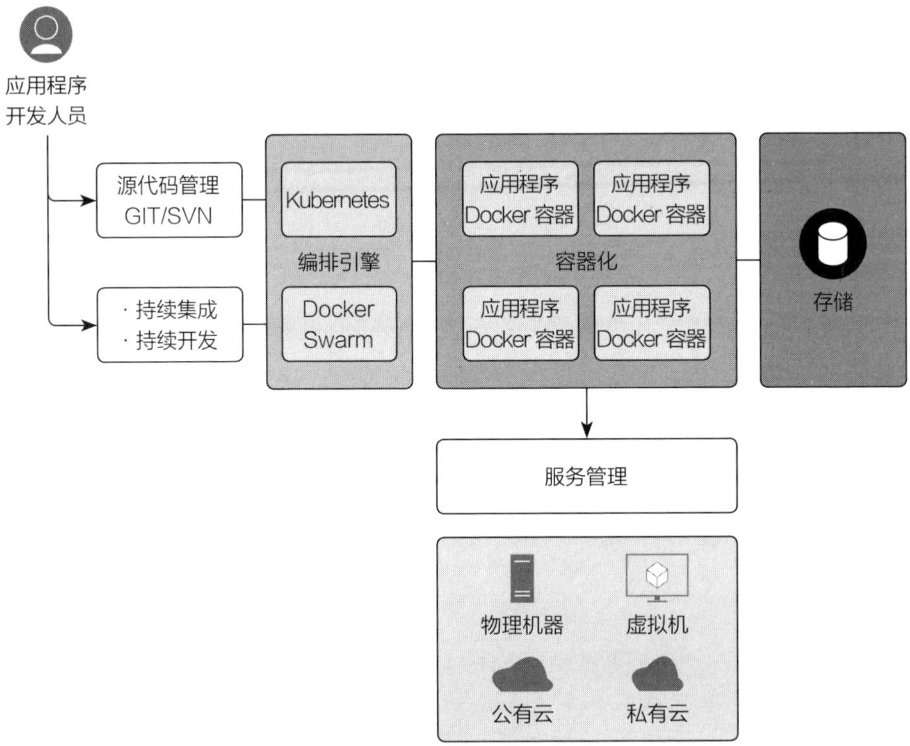

图 3–32　容器化与 DevOps

容器化

容器化技术允许开发端到端的应用程序，并将其与必要组件（如文件、环境变量、库和操作系统）封装在一个容器中。整个容器的组件集合被称为镜像，并由容器引擎部署到主机上。容器可以运行在虚拟机、物理服务器、公有云或私有云上，而主机可以支持多个容器操作系统，且共享同一物理资源。Docker 是目前最流行的容器化系统。容器化使得应用程序在存储扩展和可扩展性上具有显著优势。

容器的特性：

- 容器内部包含所有必要的配置文件和库。
- 容器比虚拟机更轻量化，因此应用程序更容易移植，并且方便构建和部署。

DevOps–持续集成（CI）与持续部署（CD）

DevOps 涉及编排和集群管理任务，同时为容器化应用提供扩展性和负载均衡功能。

在完成应用开发后，源代码会被推送到版本控制系统存储库（如 SVN 或 Git），通过 CI/CD 方法实现自动化部署流程。Jenkins 可用于构建容器镜像，这些镜像会通过 Kubernetes 或 Docker Swarm 部署到多个 Docker 集群中。

- **Kubernetes：**是一个开源系统，支持容器化应用的自动化部署、扩展和管理，并负责容器间的负载均衡。
- **Swarm：**是一个用于管理 Docker 引擎集群的工具。

本章总结

- 我们简要回顾了不同的 DXP 层及其设计，用于开发端到端的企业解决方案。
- 我们还探讨了区块链、物联网、人工智能、大数据和增强现实等前沿数字技术的集成方法。
- 我们研究了用于开发数字体验平台的多种开源框架。
- 我们还深入了解了容器化这一最新趋势，以开发可以在任何操作系统的机器上运行的解决方案。

DXP

第二部分

银行体验平台的开发

第 4 章
用户界面设计

在向开源 DXP 迈进的过程中，DXP 提供了协作型用户界面。本章将介绍 DXP UI 的基本概念，并展示如何设计直观、交互性强的用户界面。本章主要内容包括：

- **DXP UI 的核心特性**
- **开发 DXP UI 所采用的架构和框架**
- **页面与布局的设计，UI 组件（如小部件或 Portlet）的开发，以及与后端服务集成的 Hooks 实现**
- **开发 DXP UI 所需的技术栈**
- **案例研究——银行体验平台的实现**

让我们首先从 DXP UI 的核心特性开始了解。

> 核心特性

DXP 用户界面采用现代 Web 开发方法，结合最新的 Web 框架和库进行构建。接下来，我们将深入了解数字体验平台的特性，并进一步探讨 UI 的设计与开发策略。

简化方法

DXP 提供了一种可复用且直观的用户界面设计方法。它支持开发者通过技术手段创建精美而优雅的界面，同时显著提升用户体验。通过面向对象编程，组件可重复利用率更高，开发过程也更高效、更友好。

直观架构

DXP 的信息架构以结构化和直观的方式呈现内容，优化了用户在应用中的导航体验，从而提升整体用户体验。这种设计不仅让应用更简洁易用，还能通过延长用户的停留时间，增加他们与内容互动的频率，最终提高服务或产品的购买转化率。

仪表板

仪表板是一种直观且有序的信息呈现方式，用于可视化、跟踪和分析数据。它可以显示关键绩效指标（KPI）、度量指标以及核心数据点，帮助用户监控账户、业务流程和部门报告等。例如，在银行体验平台中，用户可以通过仪表板分析账户对账单，追踪收入和支出情况。在技术层面，DXP 架构能够整合多种数据源（如文件、附件、服务和系统），通过 REST API 提供统一的数据接口，与仪表板集成，将数据以表格、折线图、柱状图和仪表等形式直观展示。数据仪表板是高效追踪多个数据源的最佳工具，为企业和用户提供集中监控和分析数据的中央位置。

响应式界面

DXP 采用网格系统布局，支持桌面、移动设备及平板设备上的响应式设计。DXP 基于移动优先策略，这是当前市场上实现自适应设计的最佳方法。

在移动优先策略下，内容按优先级排序为主内容、次要内容和三级内容。例如，主页应优先显示公司标志及产品或服务链接。考虑到智能手机屏幕有限，DXP 提供灵活的内容优先级调整功能，以满足不同业务需求。

在图 4–1 中，桌面屏幕包含六个 UI 组件：组件 1 和 2 是主要内容，组件 3 是次要内容，组件 4、5 和 6 是第三层内容。

当屏幕分辨率发生变化时，这些组件会根据内容的优先级进行重新排列，如图 4–2 所示。原本水平排列的组件 4、5 和 6，在移动端视图中被重新调整为垂直排列。

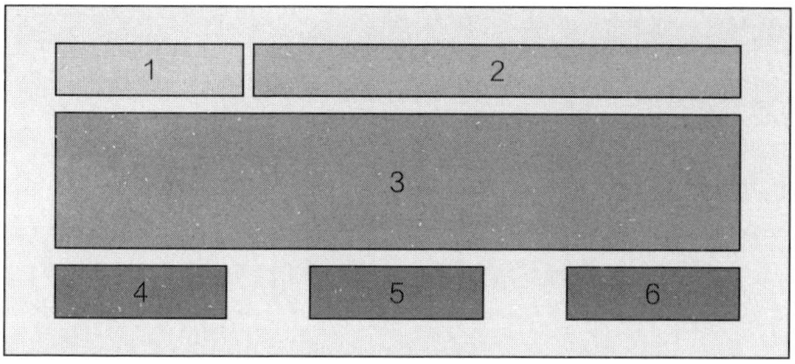

图 4-1 桌面视图

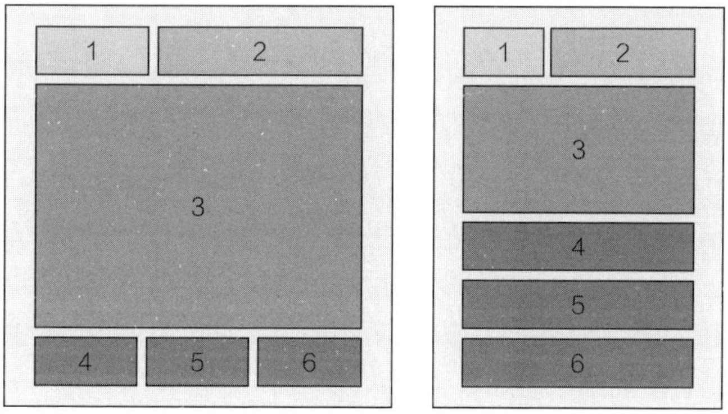

图 4-2 左侧：平板视图；右侧：移动视图

个性化

业务利益相关方或管理员可以为用户提供页面自定义的功能。随后，用户还可以通过预设模板来自定义页面的外观与风格。系统用户可以自主决定应用的内容和布局。

业务所有者或利益相关方还可以利用基于 AI 的预测算法实现预测内容个性化。这种算法会根据用户的历史交互记录显示类似的内容、产品和服务。此外，还可以基于业务单位的位置提供基于位置的个性化。例如，当你从一个地区登录时，显示的内容、服务和产品将与你从另一个地区登录时所看到的不同。

此外，还可以根据时间实现个性化（如主题和广告），即随着一天中时间的不同而变化。例如，如果你在早晨登录，显示的主题和广告会与你在晚上登录时看到的不同。

国际化与本地化

我们可以从提供的区域语言列表中选择自己的语言，因为大多数 UI 框架都支持国际化。国际化是以支持多语言和本地化的方式开发应用程序的过程。本地化则是基于国际化进行适配，以满足特定文化需求的过程。

UI 的开发应以能够轻松实现语言和文化的本地化为目标。用户可以通过选择适当的区域设置（语言）从不同语言中进行选择，内容会根据所选区域设置进行显示。

偏好设置

DXP 的展示层组件（例如小部件或 portlet）提供可编辑的功能，使 UI 集成更加灵活。例如，REST 服务调用的端点可以直接从 UI 中进行编辑。**Preference（首选项）**是一个键值对，并作为元数据存储，帮助 DXP 实现 UI 的自定义。例如，标题、描述等内容可以根据业务需求的变化进行自定义。

所有 UI 组件都有名称，这些名称可以通过编程方式确定，这使得展示层组件具备更高的稳健性。

集成分析

在设计门户网站时，你需要关注分析功能，以了解用户行为和模式。例如，可能会有需要跟踪点击事件和用户行为的场景。分析功能可以帮助你了解潜在客户。Google Analytics 可以轻松记录点击事件，DXP 提供了集成分析框架的方法（如 Google Analytics、Adobe Analytics 等）。

搜索引擎优化

搜索引擎优化是提升流量的有效方法。UI 和用户体验直接影响用户的首次访问感受。

如果缺乏 SEO，用户很难通过搜索引擎找到应用程序；如果界面不够丰富，则难以吸引用户互动，进而流失潜在客户。

DXP 遵循最佳实践，在 UI 开发中实现 SEO 友好性，并提供关键词标记功能（如标题标记和元标记），以帮助应用程序提升搜索引擎排名。

› 用户界面组件

DXP 页面通常包括一个带有标志（logo）的页眉、导航菜单、展示组件、容器区域和页脚。

页面

Web 应用程序由一组页面构成，用于展示核心内容。页面布局可以根据用户体验需求灵活选择，包括：单列布局、双列布局、三列布局等。

布局

DXP 提供响应式布局，用于设计页面的用户体验。布局是预先定义的结构化模板，UI 设计师可在其上自由拖放展示组件。

- **导航布局**：包含三个区域，**顶部区域**显示 Logo 和用户信息；**侧边导航区域**作为导航容器（图 4-3）；**展示区域**用于主要内容的呈现（图 4-3）。

该布局基于 Bootstrap 框架设计，各区域可灵活配置内容和组件。

- **灯箱布局**：页面覆盖显示的布局，可通过点击事件显示或隐藏。用户无须离开当前页面即可完成子流程操作，从而优化用户体验。
- **轮播布局**：支持布局区域（幻灯片）之间的平滑过渡，每次仅显示一个区域。可配置自动播放功能，加载后循环浏览幻灯片。
- **列布局**：提供灵活的网格功能，基于 Bootstrap 列和 CSS 类构建。列宽可通过 CSS 类进行自定义配置。

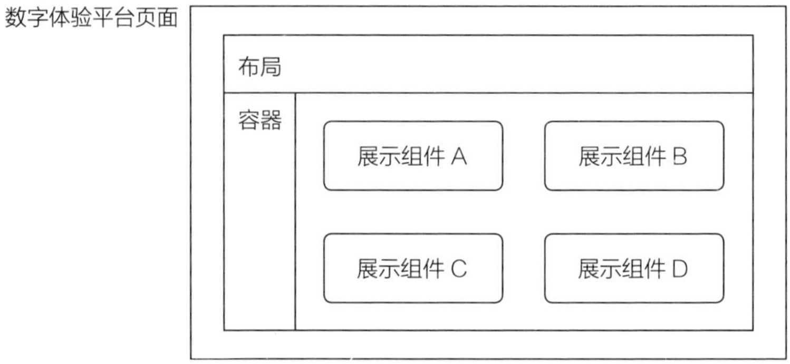

图 4-3　用户界面组件

导航路由器或导航菜单

导航路由器是用户界面中不可或缺的关键组件，能够为用户提供方向感，并在应用程序中引导用户高效导航。

展示组件

展示组件（例如 Widget 或 portlet）是独立的小型用户界面模块，通常根据使用场景或用户故事进行划分。例如，一个用于查看账户详细信息的账户摘要组件和一个用于支付已注册收款人的账单支付组件是两个独立的展示组件。这些组件（portlet 或 Widget）具有自包含的功能，并且相互独立运行。

设计目标

在设计展示组件时，常采用模型—视图—控制器和模型—视图—视图模型（MVVM）架构模式。这些模式能够有效控制 UI 中的业务逻辑和工作流。

MVC 模式由以下三个核心组件组成：

- **模型（Model）**：同时与视图和控制器绑定，负责管理数据和业务逻辑（图 4-4）。
- **视图（View）**：作为用户界面部分，将模型与文档对象模型（DOM）

绑定，负责展示数据，并允许用户修改模型。

- **控制器（Controller）：**负责控制应用流程，例如处理 Web 服务请求并返回响应。

MVC 和 MVVM 模式为你的应用程序提供以下特性，并帮助实现可升级、可扩展、精简和可测试的目标：

- **可升级和可扩展的展示组件：**可以通过框架的 API 和面向对象特性来实现。如图 4–4 所示，UI 组件可以扩展基础组件。因此，在升级框架时，UI 组件中的功能不会受到影响。你可以在基础组件中实现通用功能，其他 UI 组件只需通过扩展这些基础组件即可使用这些功能。

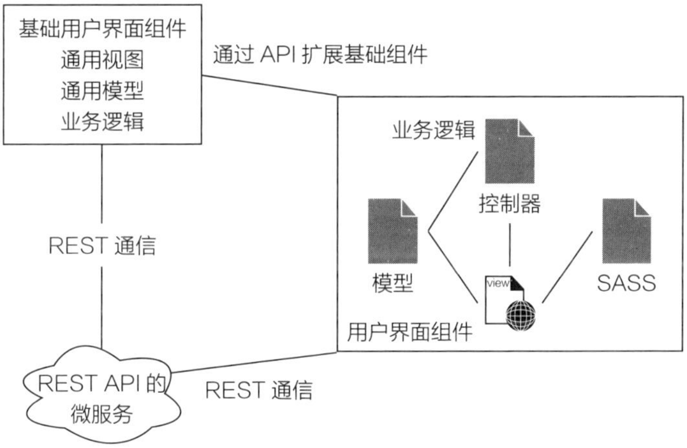

图 4–4　MVC 架构

- 数字体验平台的业务需求要求 Portlets 必须相互独立。利用 Angular 框架或 React 库结合 Flux 库，可以创建结构精简的展示层。展示组件应确保高质量，并需通过全面测试。通过测试驱动的方法（test-driven approach）对展示组件进行测试，可以高效地确保其质量。因此，像 Karma、Jasmine、Mocha 和 Chai 等框架和库能够帮助实现高质量。

展示组件之间的通信

在某些情况下，一个展示组件需要对另一个组件的操作作出响应。例如，当用户在账户列表组件中选择了不同的账户后，交易列表组件会更新，显示该账户的相关交易记录（图 4–5）。

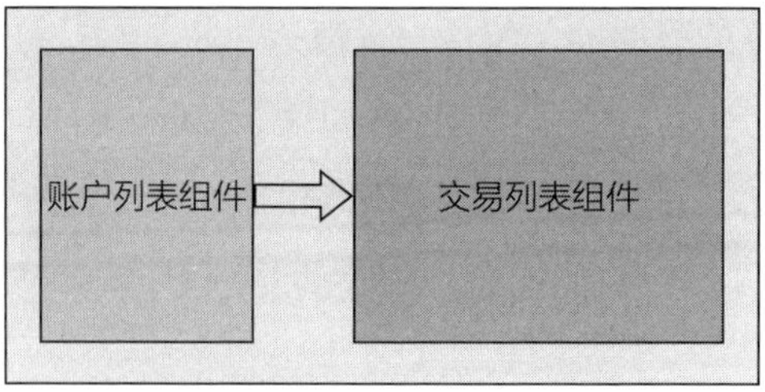

图 4–5 展示组件之间的通信

当展示组件位于同一页面时，可通过**广播观察者设计模式**实现组件间的顺畅通信。广播机制可捕获一个组件中触发的事件，并在另一个组件中处理相应动作，确保组件间协作顺畅。

钩子

钩子旨在促进前端开发人员与后端开发人员之间的灵活协作。它是一种定义好的服务，通过 REST 服务调用实现后端集成。钩子本身不直接处理数据，而是负责调用具体实现部分，传递数据并接收返回结果，从而实现前后端应用程序之间的数据交换。钩子定义在服务文件中，用于接收来自后端的数据或将数据发送至后端。在实现 REST 服务时，开发人员会将钩子中的数据点替换为实际的 REST 服务端点。

> 开发流程

DXP 提供了一种简化且结构化的 UI 开发方法。图 4–6 展示了 UI 开发流程的具体内容。

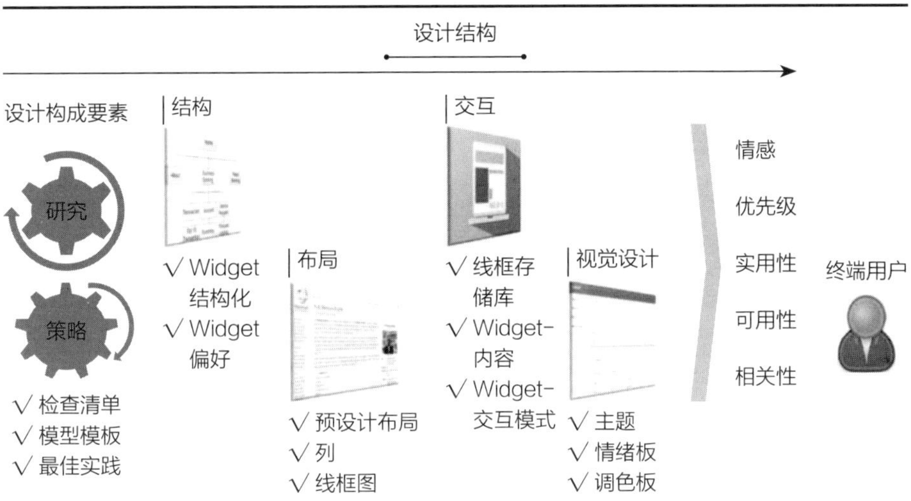

图 4-6 UI 开发流程

DXP UI 设计流程包括以下研究和策略步骤：

1. 结构设计：搭建用户体验基础框架

设计结构时需融入品牌的数字化战略，按照组织的数字化策略对内容进行分类，以便精准地向应用用户提供产品和服务。同时，通过构建模板和模型分析数字化需求并制定适配方案。

2. 布局选择：基于用户体验结构确定布局

在选择或构建模型和模板后，需要结合业务需求进行分析研究，并基于预定义的布局创建应用的线框图。这些布局是经过优化设计的基础框架，旨在提升用户可用性，并支持重复使用。

3. 交互设计：基于数字化战略优化内容分类

完成线框图后，根据分类规则将内容合理安排在布局中，以最大化内容的相关性。这种分类布局能够显著提高应用的使用效率并优化用户体验。

4. 视觉设计：优化配色与视觉元素

在完成布局和内容分类后，需进一步确定主题风格、配色方案、调色板和情绪板。通过图像、素材和文字的搭配排列，增强用户体验设计的视觉效果。

> 开发生命周期

开发生命周期的主要步骤如下：

1. 设计阶段

原型设计：如图 4-7 所示，UI 的设计中，UI 原型设计和线框图是实现成功开发的关键步骤。在进行 UI 原型设计时，应特别注意内容的结构安排和布局规划。设计过程中建议采用最佳策略和流程，例如基于**移动优先策略**创建交互式屏幕模型，该策略优先优化移动端屏幕的界面和内容排序，然后再扩展到桌面端。这种设计方式能确保内容按照清晰有序的逻辑呈现，从而提升用户体验。

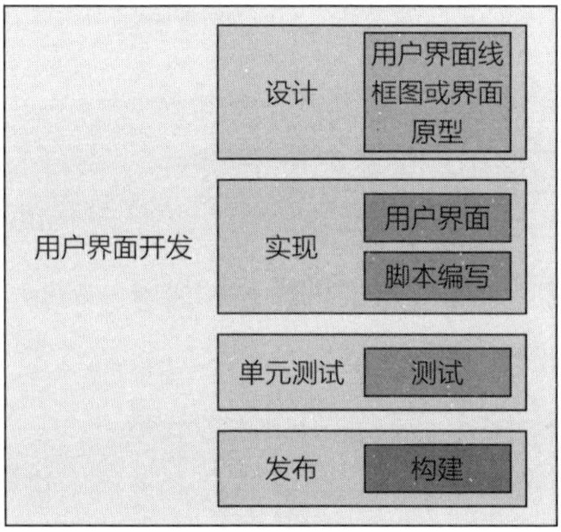

图 4-7 用户界面开发生命周期

2. 实现阶段

构建用户界面：根据设计阶段生成的线框图，使用布局、容器、页面和 UI 元素构建用户界面和展示组件。这些布局、容器和组件通常由 HTML 和 JavaScript（即 ECMAScript）实现。

展示组件应从预定义的布局列表中选择合适的布局（图 4-3），并在容器和布局中完成封装和结构化。

实现业务逻辑：构建的 UI 组件（视图）将通过模型映射到 JavaScript 控

制器（控制器）。控制器根据模型的变化动态控制应用程序的逻辑，实现业务需求。

3. 测试阶段

单元测试：使用 Karma、Jasmine、Mocha 和 Chai 等测试框架，开发人员可以根据不同场景或测试用例对展示组件进行全面单元测试。

4. 发布阶段

在发布代码时，你需要管理开发应用程序所使用的依赖库和第三方 API。因此，构建是一个高效组装包并管理代码的过程。

构建：使用模块打包工具（如 Webpack）和包管理器（如 Node Package Manager，NPM）来构建你的应用程序。你也可以选择其他包管理器，如 Yarn 或 Bower，但 NPM 已被前端开发者社区广泛接受。这些打包工具和包管理器可以将复杂的大型应用程序代码打包成一个单元。

> 架构

DXP 是一个专为构建 HTML 和 JavaScript（即 ECMAScript）客户端应用程序而设计的平台。DXP 将核心功能封装为一组 JavaScript 库，开发者可以轻松导入这些库至应用程序中。它通过将代码分解为称为展示组件（Widget 或 Portlet）的独立功能模块，简化了复杂应用程序的开发与管理。此架构支持按需加载技术，即根据需要动态加载模块，从而减少启动时加载的代码量，从而提升性能。

DXP 的用户界面架构采用 MVC 或 MVVM 架构模式。

MVVM 架构模式是一种基于 Web 应用的架构模式，由以下核心部分组成：

- **模型（Model）**：用于表示数据，并与视图进行绑定。
- **视图（View）**：负责呈现用户界面元素，例如文本框、按钮、输入框等。
- **视图模型（ViewModel）**：用于处理与用户界面相关的逻辑，例如执行条件检查或更新 Web 应用的特定内容。

如图 4-8 所示，模型会与视图（HTML 模板）和视图模型（ViewModel，即组件脚本）进行绑定。视图中触发的事件能够被组件脚本识别，同时，组件脚本的任何更改也会自动更新到视图上，反之亦然。这种绑定机制不仅有助于维护应用的状态，还可以在 UI 中有效控制业务逻辑。

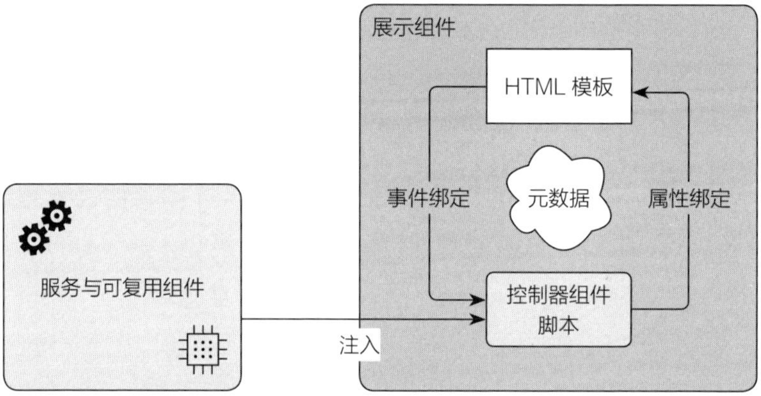

图 4-8　组件架构

可复用的数据或逻辑可以封装为独立的组件，并通过依赖注入共享给展示组件。这种方式能够实现高效的组件复用。Angular 使用模块加载器统一加载所有组件、模块和服务，无须在展示组件的模板 HTML 中显式添加脚本标签。展示组件只需了解直接依赖的库，其余依赖项会自动加载，进一步简化开发过程。

展示组件由 HTML 和控制器组件组成。通过控制器与 HTML 之间的数据绑定，可以同步应用程序的状态和视图。在单向数据绑定的情况下，应用程序状态的任何更改都会更新视图；而在双向数据绑定的情况下，属性和事件被绑定为一个整体，模型的更改会更新视图，视图的更改也会同步到模型上。如图 4-8 所示，事件绑定允许应用程序通过更新应用模型及其相关数据来响应用户输入；属性绑定则将从应用模型计算得出的值动态插入视图中。

DXP UI 技术栈

DXP 技术栈结合了多种框架和编程语言，旨在创建灵活、响应式的 UI，同时兼容移动端和桌面端。

为了实现 DXP 的展示层，可以选择多种技术栈。每一层的功能都建立在其下方层级的特性之上。图 4–9 展示了 DXP 用户界面技术栈的主要构建模块。此外，开发者还可以通过包管理器（如 NPM、Bower 等）添加自定义的功能包。

图 4–9　技术栈

展示组件基于成熟且广泛认可的标准和技术栈构建。接下来，我们以 Angular 技术栈为例，说明如何实现 DXP 的展示层。

Angular 技术栈

Angular 技术栈由多个框架和库组成，包括 Angular Core、Angular Material UI、Bootstrap、Swagger、Jasmine 和 Webpack 等。

Angular 核心功能

Angular 框架提供了多项功能，用于加速 UI 的开发：

- **跨平台**：Angular 支持代码复用，可针对任何开发目标构建应用程序。它采用**渐进式 Web 应用（如 Progressive Web Application，PWA）**方法，既能像普通 Web 应用一样加载，又具备原生移动应用的功能，例如推送通知和设备硬件访问。Angular 能构建跨桌面、移动设备和多浏览器的混合型 Web 应用。
- **开发友好性**：在开发过程中，Angular 利用 Node.js 服务器提供应用程序的首个视图，快速渲染 HTML，大幅提升开发效率。
- **代码分割**：Angular 使用路由组件快速加载脚本。通过自动代码分割功能，用户只需加载当前视图所需的代码，从而提升加载效率。
- **生产力**：Angular 提供的命令行工具通过简洁而强大的模板，能够快速生成用户界面视图，极大提高开发效率。
- **测试驱动方法**：借助 Karma 等测试库和 Jasmine 等框架，开发者可以实时检测代码的改动是否破坏了现有功能，从而保障代码质量。
- **服务端渲染**：Angular 通过 Angular Universal 在服务器上运行应用程序，并生成静态页面。SSR 有助于优化应用程序的可索引性、可链接性和可导航性，使其更易于被搜索引擎爬取和收录。
- **Angular APIs**：Angular 提供了一套丰富且灵活的 API，这些接口不仅限于 REST API，还包括其他编程接口。

Angular 支持库

Angular 支持库包含以下：

Material UI

Angular Material 是基于 Google 的 Material Design 规范，使用 Angular 构建的 Bootstrap 组件库。所有的用户界面（展示层）组件，例如手风琴、表格、仪表盘、图表等，都被拆分成独立的可导入模块。这些模块可以在多个应用程序中重用。如图 4–9 所示，Angular Material 为 ATS 提供了用户界面功能。

Bootstrap

在开发 DXP 展示组件时，Twitter Bootstrap 常用于加速开发过程。然而，由于 DXP 设计精简灵活，模板 HTML 可以根据业务需求进行完全自定义，也可根据需求选择其他 CSS 框架替代 Bootstrap。Bootstrap 采用移动优先策略，提供了丰富的响应式功能。

SASS——CSS 预处理器

SASS（Syntactically Awesome Style Sheets）为 CSS 提供了一种更简洁优雅的语法，支持嵌套规则、变量、混入、选择器继承等功能。它不仅支持高效创建样式表，还能让代码结构更清晰、管理更便捷。

Swagger

Swagger 用于模拟 Web 服务。展示组件的服务数据钩子通过 REST API 与服务器通信，而所有 REST API 都在 Swagger 中进行定义。Swagger 的代码生成功能提供了一个定义良好且简单易用的 REST API 接口，使开发者能够快速上手。通过 Swagger 文档，开发者可以清楚了解可用方法、所需参数、返回数据的 JSON 格式。这些功能大幅提升了开发速度和效率。

NativeScript

NativeScript 使用 Angular 创建原生的 iOS 和 Android 应用程序。它提供了访问底层原生平台所需的抽象：例如，它通过一个 JavaScript API，将应用程序的 JavaScript 代码转换为原生（iOS 或 Android）的手势 API 调用。它还提供了用于访问原生设备和平台功能的模块。如图 4–9 所示，NativeScript 为 Angular 技术栈提供了构建原生移动应用的能力。

Karma-Mocha-Chai

测试前端应用程序比后端更复杂，因为需要兼容多个浏览器及其版本。Karm, Mocha 和 Chai 可用于在不同浏览器上测试代码。Karma 用于运行测试；Mocha 和 Chai 用于编写测试。

Karma 启动浏览器并执行测试，Mocha 和 Chai 提供灵活的断言库，以增强测试能力。这些工具共同为 Angular 技术栈提供全面的前端测试支持。

Jasmine

Jasmine 是一种用于测试 JavaScript 代码行为的**行为驱动开发**框架。它的语法简洁，方便开发者快速编写测试用例。

Webpack

Webpack 是一种静态模块打包工具。在处理应用程序时，Webpack 会构建一个内部依赖关系图，映射项目所需的所有模块。随后，它会根据依赖关系生成一个或多个打包文件。Webpack 同时为 Angular 技术栈和 React 技术栈提供强大的应用构建支持。

Gulp

Gulp 是 UI 和主题开发的默认构建工具，支持自动化构建生成 CSS、HTML 和 ECMAScript 文件，以及代码压缩、监听源码变更、检查代码错误等任务。

NPM

DXP UI（展示层）组件的开发依赖于节点包管理器（Node Package Manager，NPM），允许开发者在项目中轻松引入其他 NPM 包。NPM 提供强大的包管理能力，适用于 Angular 技术栈和 React 技术栈。

React 技术栈

React 技术栈由多个库组成，包括 React、Semantic UI、React Native、Redux、MobX 和 Flux。开发者可以根据需求灵活组合这些库，自定义开发框架，以满足特定的功能需求。

React

React 是一个基于组件的 JavaScript 库，用于构建 UI，主要负责 MVC 架构中的视图部分。它提供多项功能，用于构建动态用户界面：

- **服务端渲染**：React 使用 Next.js 框架实现服务端渲染，支持完全或部分渲染。通过优化 SEO，服务端渲染使应用更易于被搜索引擎爬取、索引和导航。

- **性能：** React 使用**虚拟 DOM**，显著提升用户体验（UX）并加快运行速度。
- **可复用组件：** 每个组件独立控制逻辑和渲染，能够在不同场景中重复使用。组件的复用性不仅简化了开发，还降低了后续维护的复杂性。

React 支持库

React 支持库包含以下组件：

Elemental UI 或 Semantic UI

Semantic UI 是 React 官方集成的 CSS 框架，可通过 HTML 创建美观且响应式的布局。它使用被称为行为的简单短语来触发功能。如图 4-9 所示，Semantic UI 为 RTS 提供了用户界面功能，但你也可以使用其他 CSS 框架（例如，Elemental UI，这是一个基于 React 应用程序的 UI 工具包）。

React Native

React Native 是一个专注于开发原生移动应用的平台。它提供了一组 React 组件，与原生移动端组件绑定，开发者也可以创建自定义组件并与原生代码集成。如图 4-9 所示，React Native 为 React 技术栈扩展了原生移动应用的开发能力。

Redux-MobX

Redux 是一种简单的 JavaScript 状态管理引擎，可以帮助开发者编写在不同环境中（客户端、服务器端、原生应用）行为一致的应用程序。MobX 则是一个简单且可扩展的状态管理解决方案，专注于解决状态管理问题，其本身既不是架构，也不是状态容器。

MobX 更适用于小型项目，因为它支持多个存储来存储数据。而 Redux 则主要用于复杂和大型项目，使用单一的大型存储来统一管理应用状态。Redux 和 MobX 都是用于管理应用状态的工具库。它们通常与 React 等前端库结合使用，用于开发动态更新数据、具有高度交互性的用户界面。

Flux

Flux 是 Facebook 用于构建客户端 Web 应用程序的应用架构，是一种设计模式，而不是正式的框架。Flux 是一种与 React 以及单向数据流概念相辅相成的架构。它在 JavaScript 应用程序中扮演数据层的角色，用于构建客户端 Web 应用程序。React 负责 MVC 中的 V（视图）部分，而 Flux 是一种编程模式，负责 MVC 中的 M（模型）部分。

Jest

Jest 是 Facebook 开发的一种 JavaScript 测试工具，可用于测试包括 React 应用在内的所有 JavaScript 代码。如图 4-9 所示，Jest 为 React 技术栈提供了全面的测试支持。

评估 UI 框架

在评估 UI 框架时，应重点关注**数据流**这一关键因素。

数据流

Angular 和 React 之间的主要区别在于处理数据和管理应用状态的方式。Angular 是一个功能完整的 MVC 框架，而 React 更侧重于 MVC 中的“V”（视图）部分。Angular 支持双向**数据绑定**，而 React 支持**单向数据绑定**。

单向数据流（也称为单向数据绑定）意味着对模型所做的任何更改都会影响视图，但视图的更改不会直接影响模型。通过这种方式，数据只会沿着一个方向流动。而在双向数据绑定中，对模型所做的更改会影响视图，同时对视图的更改也会反作用于模型。

因此，使用 React 时，状态管理是通过第三方库（如 Flux、Redux、MobX）提供和管理的；而 Angular 则能够自身管理状态。此外，Angular 提供的功能比 React 更多，属于开箱即用的解决方案。

语言

Angular 是一个基于 TypeScript 构建的 JavaScript 框架，而 React 是一个 JavaScript 库，但推荐使用 JSX（将 XML 语法嵌入 JavaScript 中）。与传统的将标记（HTML）和逻辑（JS）分离的经典方法不同，React 将两者结合在组件中，使用一种类似 XML 的语言，可以直接在 JavaScript 代码中编写标记。

性能

DOM（Document Object Model）是 DXP 应用程序的数据对象模型。Angular 使用浏览器的 DOM，而 React 使用虚拟 DOM。虚拟 DOM 是一种简化版本，允许快速更改任何元素而无须重新渲染整个 DOM。因此，React 在性能上优于 Angular。

两种技术栈都具有灵活性和强大的功能，其选择取决于具体的业务应用需求。虽然两者实现的目标相同，但 React 需要额外的库来为 React 技术栈提供框架功能，否则，它更适用于无须复杂逻辑的应用。

最佳实践

一个 UI 应该是**可感知的、可操作的、可理解的**和**健壮的**。主菜单结构应保持简单一致，并确保其直观且易于使用。在保证布局简洁的同时，也要确保不同元素（如主按钮、次按钮、操作项或菜单）能够被轻松识别。

菜单导航应根据用户需求和心理模型进行分组。将内容组织成相关的组和类别以增强其相关性。

可感知性：

- 应检查所有颜色和对比度设置。
- 应为所有非文本内容提供替代文本。
- 应为每个组件提供多媒体替代选项和描述。
- 内容应以有意义的顺序呈现。
- 颜色不应是传递信息的唯一视觉手段，还应检查形状、大小、内容，并加入动画效果。

可操作性：

- 确保导航在所有页面和布局中保持一致，使用户的导航流程更加轻松，并与用户的心理模型相匹配。
- 内容应支持通过键盘界面操作。
- 检查是否存在缺失的标题或空白标签。

- 每个链接的目的通过链接文本就能明确表达。
- 确保可聚焦组件按照有意义的顺序接收焦点，并且焦点指示器清晰可见。

可理解性：

- 导航在一组网页中应保持一致性。
- 更改 UI 组件的设置不应自动导致上下文发生变化。
- 应标识输入错误，并以清晰的文本向用户提供建议。
- 网站内容应经过改写以降低阅读难度。
- 根据用户的产品使用和网页应用程序使用模式，提供个性化内容。
- 确保错误信息易于理解，并清晰显示问题的解决方案。

健壮性：

- 所有的 UI 组件都应具有可通过编程方式确定的名称。

BXP 案例研究

BXP 是一个将多种技术整合为一体的技术驱动型平台。BXP 解决方案的核心在于优化、重构以及连接多个平台。

跨区域的一致性

BXP 提供的本地化和国际化功能，可以为全球所有国家提供统一的前端界面。这种一致性确保了不同地区和国家的用户体验一致性。目前的银行应用通常需要通过多个屏幕来完成诸如账单支付和收款人管理等功能。每个功能的资金流动涉及分散的多次交互流程。相比之下，BXP 提供了一种统一的解决方案，将所有资金流动的操作整合到一个单一的逻辑用户流程中。

跨应用的一致性

用户体验设计的一个核心目标是确保应用在可用性和设计层面的整体一致性。在现有应用中，设置或编辑地址、电子邮件和电话号码的操作模式各不相同，用户难以直观理解。为了解决这一问题，BXP 提供了一种统一的设计方法，确保所有场景下的操作流程一致，提升了用户体验。

统一协作的设计方法

BXP 为零售银行客户和商业银行客户提供了一个整合的平台。通过这种统一的设计，银行无须为不同类型用户维护多个应用，从而大幅降低运营成本。同时，BXP 支持用户定义智能操作，简化了手动任务的自动化流程，使用户操作更加高效。

BXP UI 布局 / 容器

布局或容器用于为展示组件提供结构和布局支持，主要包括以下两种：

导航布局：导航布局通常分为三个区域，**顶部区域，**包含 logo 区域和用户区域；**侧边区域，内容区域，**如图 4–10 所示。

该布局基于 Bootstrap 设计，对各区域可以包含的布局或 UI 组件没有任何限制。

列布局：列布局提供基本的网格功能，基于 Bootstrap 的列 CSS 类构建。用户可以通过配置 CSS 类轻松调整列宽，灵活适应不同需求。

BXP 仪表板

BXP 仪表板是一种用户界面，能够以直观、交互的方式展示信息。它可视化地跟踪、分析并显示所有关联账户及交易，帮助用户监控账户和管理财富。例如，用户可以在仪表板中筛选交易记录，从而轻松分析账户对账单和交易明细。仪表板在后台连接多个数据源和 API，但在前端以表格、折线图、柱状图和仪表等形式呈现数据。作为一个集中式平台，数据仪表板是监控多个账户和交易的最高效方式，为零售和商业银行用户提供了统一的分析工具。

问题：XYZ 银行需要一个响应式设计，用于在仪表板中展示账户和交易数据。

解决方案：BXP 提供了广泛的布局选项来建模展示组件。如图 4–10 和图 4–11 所示，我们使用了导航布局以及包含账户摘要展示组件和交易展示

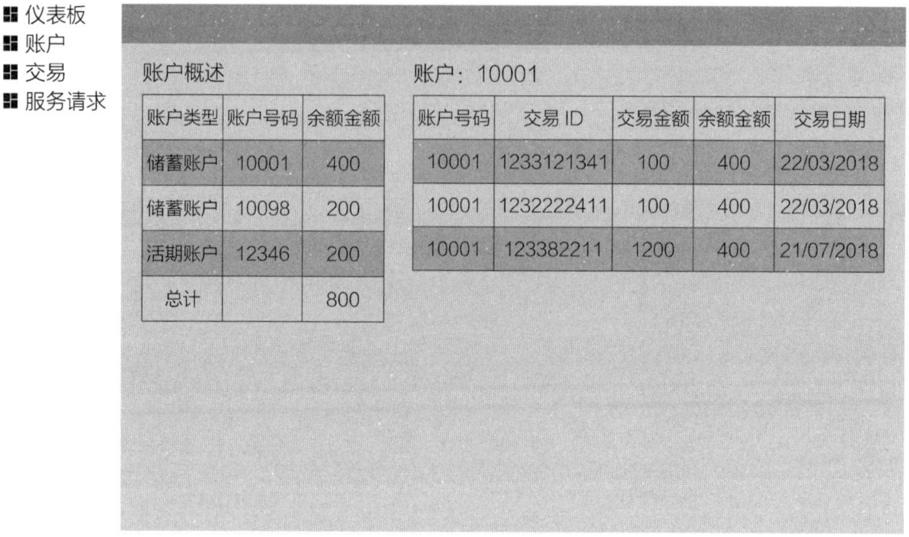

图 4-10　BXP 桌面端仪表板布局

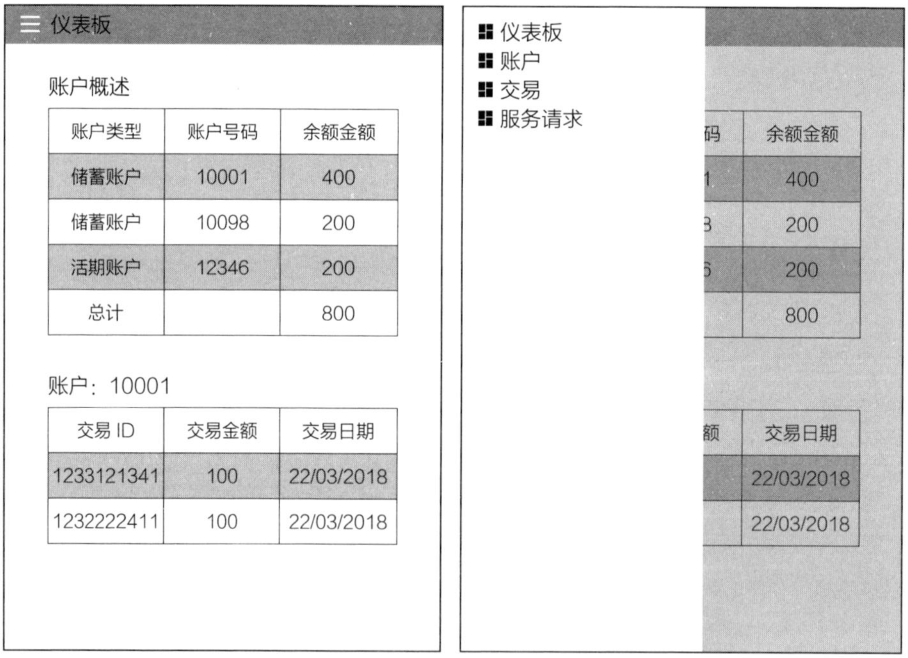

（a）仪表板视图　　　　（b）导航视图

图 4-11　BXP 移动端仪表板布局

组件的双列结构。

账户摘要用户界面组件显示用户在 XYZ 银行持有的各种账户及其摘要信息。

交易用户界面（The Transaction UI）组件则显示与账户相关的交易记录。

侧边面板显示与 BXP 应用程序关联的其他 UI 视图。BXP 根据用户角色提供特定的功能用户界面（展示层）组件，如表 4–1 所述。例如，零售银行用户只能访问零售银行用户组的组件，而商业银行用户可以访问商业银行用户组的组件。

表 4–1　基于角色的组件

用户或角色	界面组件
零售银行界面组件	· 登录组件 · 个人资料组件 · 账户摘要组件 · 支付组件 · 交易组件 · 收款人管理组件
商业银行界面组件	· 包含零售银行用户的所有组件，并包括以下附加组件： · 授权组件 · 批量上传组件 · 支付订单管理组件 · 支付订单草稿组件
财富管理界面组件	· 投资组合详情组件 · 投资组合摘要组件 · 投资组合交易组件 · 投资组合表现估值组件
账单支付界面组件	· 第三方集成组件 · 移动充值组件 · 账单管理组件
电子商务界面组件	· 添加账单人组件 · 账单人管理组件

BXP UI 中的零售银行展示组件专为优化用户体验而设计，详见表 4–2。

表 4-2　BXP 用户界面组件

界面组件	功能	特点
登录	用户通过用户名和密码完成认证	用户输入用户名和密码后进行身份认证，并被引导到特定页面
个人资料	显示已登录用户的只读信息	展示用户的个人信息，包括姓名、联系方式等
账户摘要	展示用户账户、信用卡、借记卡的概要信息	提供账户余额汇总视图，涵盖所有账户和卡片的总览信息
交易	提供所选账户的交易记录	用户可以查看选定账户的最近交易记录。 · 用户可以逐步加载交易记录。 · 用户可以筛选信用（Credit）或借记（Debit）交易记录。 · 用户可以搜索交易记录。 · 如果符合条件的交易记录数量超过组件偏好设置中定义的显示值，则通过懒加载功能从后端获取更多交易记录，并显示在列表中
收款人管理	支持添加和编辑收款人信息	用户可以创建新的收款人，或搜索、编辑现有的收款人信息
支付订单管理	显示与用户相关的支付订单	用户可以分页查看支付订单，查看和编辑已安排的支付订单

BXP 提供数字化银行功能，助力银行向 DXP 转型。通过采用开源技术，支持银行构建和管理灵活的银行应用程序。基于 DXP 的模块化结构，用户能够创建个性化仪表板，从而提升用户体验。此外，BXP 通过集成 KYC（know-your-customer，了解你的客户）服务简化注册流程，有效优化并革新银行业务流程。

> 本章总结

- 测试框架能够根据功能需求分析代码，提高可用性，从而支持创建丰富且直观的 UI 设计。
- DXP 技术栈在用户界面设计中发挥核心作用。它提供信息架构支持，帮助完成原型设计，并保持主菜单结构的简洁和一致性，使其直观且易用。布局通过分类相同或相似内容，确保查找和搜索的一致性。在保持布局简洁的同时，还需确保不同元素清晰可辨。

- **移动性**确保网站在不同设备和平台上使用时，能够提供类似或相同的用户体验，包括移动应用程序，并尽可能让客户在不同平台间无缝继续其操作。**内容**提供基于用户产品和网站使用模式的定制化内容；同时确保错误信息易于理解，并提供问题的解决方案。
- DXP 确保在适当位置显示与上下文相关的重要信息，同时保持页面和布局间导航的一致性，方便用户操作。如图 4–10 和图 4–11 所示，在移动端视图中，交易组件的字段数量比桌面视图更少，非关键信息会自动折叠隐藏。
- DXP 概念为开发适用于各领域的下一代数字化应用提供了全面视角。

第 5 章 集成层设计

在深入探讨 UI 概念之后，我们现在转向集成层的设计。集成层通过一个精简且灵活的平台，与 DXP UI 集成并增强其功能，同时实现现有系统的可维护和可扩展集成。

DXP 集成层的关键特性包括：

- 提供多种类型的集成平台；
- 使用特定架构和框架设计集成层；
- 基于技术栈开发集成层；
- 包含银行体验平台的案例研究。

在开始时，我们将介绍 DXP 集成层的特点与功能。

DXP 集成概念帮助你选择 Web API 管理工具，以实现与 DXP UI 的服务集成。根据业务需求，可选择并集成合适的 API 管理工具。例如，有些需求侧重于门户功能，而另一些则关注分析服务，因此应根据具体需求做出决策。

DXP 集成概念将在本章的集成平台部分解决关于集成风格、集成系统和服务的常见问题：

- 业务需求是否需要通过 API 网关管理现有服务？
- 是否仅需要 REST 服务，还是需要支持其他服务协议（如 SOAP 或 JMS）？
- 是否需要通过不同的验证和安全标准（如 OAuth、LDAP、SAML、Kerberos 等）实现灵活配置、路由选择和用户管理（授权）？
- 是否需要引入缓存机制？
- 业务需求是否倾向于事件驱动架构或基于同步 HTTP 调用？
- API 管理解决方案是需要本地部署还是运行在云平台上？

集成考虑

DXP 在设计集成层时，会考虑当前的环境因素，包括组织中已有的系统（如 CRM、企业资源计划系统 ERP、其他服务、数据库、CMS、规则引擎）以及解决方案的缺口。此外，还需满足协同预期，确保以最具成本效益的方式为组织提供协作解决方案。

在设计数字平台时，集成层的设计需要重点关注以下要点：

- **降低迁移风险：**集成层应采用松散耦合的设计，确保 DXP 中的任何应用发生迁移或转换时，不会对其他服务或应用造成影响。
- **最大化业务价值：**微服务架构通过将功能拆分至最基本层次，并对相关服务进行抽象，能够显著提升业务价值，相较于单体架构更具灵活性和效率。
- **降低总体拥有成本和管理成本：**微服务架构通过增强解耦性和关注点分离，使代码库更易于管理。由于每个服务相互独立，平台可以更轻松地添加新功能。而在单体架构中，新增功能往往需要对整个应用进行全面测试，增加了工作量和复杂性。
- **接口细节：**分析接口的操作、输入、输出以及底层数据类型（如 XML 或 JSON），是将现有或第三方 API 集成到 DXP 应用中的关键步骤。
- **数据需求：**DXP 能够处理各种格式的数据（如 XML 或 JSON），并支持多种服务协议（如 RESTLESS-SOAP 或 JMS）。在应用内部，DXP 通常使用 RESTFUL-JSON 交互，这种方式使集成层更灵活、轻量化。REST 是一种架构风格，通过 HTTP 协议及其方法（如 GET、POST、PUT、DELETE）实现客户端（如 Angular 应用）与服务端（集成层）之间的通信；而 SOAP 是一种消息交换风格，基于远程过程调用架构，依赖服务元数据（契约）在客户端与服务端之间通信。
- **Restless 服务：**Restless 服务围绕资源及其操作（如 PUT、POST、DELETE）进行设计。在实现 REST 服务时，需要明确服务及其操作，例如 SaveTransaction（ ）、GetTransaction（ ）、DeleteTransaction（ ）

和 UpdateTransaction（），这些操作构成交易服务的一部分。服务契约需与客户端共享，供其调用这些服务。

- **RESTful 服务：**这些服务以资源而非操作为核心进行工作。客户端与服务器之间的通信通过统一资源标识符在 HTTP 协议上进行，并使用 HTTP 方法完成操作。例如：当需要获取现有资源的表示时，使用 GET 方法；使用 PUT 方法将新资源添加到系统中；使用 POST 方法修改现有资源；使用 DELETE 方法从系统中移除资源。
- 调用 SOAP 服务时，客户端发送的 SOAP 消息先由 Web 服务中的调度器进行反序列化，然后解析出需要执行的操作，并将其映射到相应的服务方法中。调用 RESTful 服务时，客户端需先标识资源（如交易），再通过 HTTP 方法（GET、PUT、POST、DELETE）选择要调用的具体方法。每个服务方法都与一个对应的 HTTP 方法相匹配。
- **集成方法：**集成方法需根据接口的可用性和集成模式的具体需求来决定。本章将对这些方法进行详细解析。
- **安全性：**API 层的安全性旨在提高服务调用的访问控制能力。需要确保只有通过身份验证的用户才能访问 API。这一实现方式会根据架构模式的不同而有所变化。
- **单体架构：**在这种架构中，整个应用程序是一个整体进程。安全模块用于为用户提供身份验证和授权功能。当用户登录到应用程序时，应用程序的安全模块会对用户进行身份验证。在验证用户信息后，为用户创建一个会话，并为该会话分配唯一的会话 ID。会话中存储登录用户的信息，例如姓名、权限和角色。服务器负责管理会话，并在后续请求中将会话 ID 发送给客户端，同时从客户端返回给服务器。此会话 ID 用于验证用户信息。
- **微服务架构：**在这种架构中，应用程序被拆分为多个微服务进程，每个进程包含特定模块的业务逻辑。每个微服务都需要进行身份验证和授权，因此，身份验证和授权的逻辑不会在每个微服务中单独实现。为了解决这一问题，像 Angular 应用这样的客户端应用程序可以通过 API 网关访问服务，其中每个服务都已在网关中注册和受控。身份验证和授权模块将在 API 网关中实现，并且所有微服务都注册到 API 网关。API 网关向客户端应用程序开放，并负责在验证用户信息后将请求路由到相应的微服务。

- **遗留系统现代化：**你需要确认系统是否需要与遗留系统交互，因为集成方法和接口会有所不同，且在设计应用程序时应加以考虑。

数据格式

在集成层中，数据格式主要分为三种：平面格式、关系格式和层级格式。由于层级数据格式结构高效，因此更推荐使用。

- **平面格式：**平面格式中，每行记录包含一个完整的数据项，但容易出现重复条目。在集成系统中，这种格式并不推荐使用，尽管它在文件系统和数据库中较为常见。这是因为平面格式通常包含额外负载。例如，对于一个特定的 Account ID，每行记录都会重复存储该 Account ID 和名称（表 5-1）。这种冗余会增加网络传输的数据量，并占用更多的带宽资源。

表 5-1　账户信息

账户编号	账户名称	交易类型	交易金额	货币类型
ABCBANK1234	SourabhhSethii	NEFT	1250	INR
ABCBANK1234	SourabhhSethii	RTGS	850	USD

关系型数据格式：此数据格式常用于 SOAP 协议，通过 XML 格式在 SOAP 消息中传递关系型数据，例如账户号及其关联的交易记录。在以下示例中，账户标签中包含与账户相关的交易信息。

```
Python
<Account>
        <Id>ABCBANK1234</Id>
```

```
        <Name>Sourabhh Sethii</Name>
        <Transaction>
              <Type>NEFT</Type>
               <Amount>1250</Amount>
              <Currency>INR</ Currency >
        </ Transaction >
        <Transaction >
              <Type>RTGS</Type>
             <Amount >850</Amount>
            <Currency>USD</ Currency >
        </Transaction >
</Account>
```

层级型数据格式：层级结构为 API 提供者提供了一种轻量化且高效的数据通信方式，适用于系统之间的交互。以 Restful-JSON 数据钩子为例，它是层级结构的典型应用，可以快速创建并解决复杂的数据转换问题。

```
Python
{
"account" : "ABCBANK1234" ,
"transaction" : [ {
                  "Type" : "NEFT" ,
                  "Amount" : "1250" ,
                  "Currency" : "INR"
              },
Chapter 5 Designing the Integration Layer
            {
                  "Type" : "RTGS" ,
                  "Amount" : "850" ,
                   "Currency" : "USD"
              }
         ]
}
```

集成服务

在当今技术快速发展的环境中，将多个系统与 DXP 集成已成为必要。通过支持多种平台和设计模式，DXP 提供内置功能和可插拔特性，能够将这些服务无缝集成到 UI 层，而无须修改现有系统。这大大提升了 DXP 的灵活性和功能性。

为了增强数字化能力，DXP 支持多种集成服务和集成风格，可以满足从小型企业到大型企业的不同需求，如图 5-1 所示。

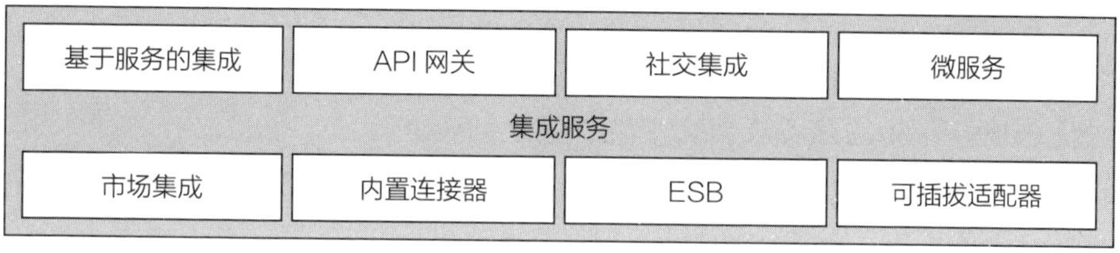

图 5-1　集成服务

DXP 所支持的集成服务及其能力详见表 5-2。

表 5-2　集成服务及其能力

集成服务	能力
服务集成	提供 RESTful 和 RESTless（SOAP）服务的集成功能，适用于小型到大型应用的数据交付和集成需求
API	网关集成利用 API 网关实现与多个应用程序的交互，以增强数据交付的安全性和灵活性，并支持现有应用的无缝集成
社交平台集成	集成 Facebook、Twitter、Instagram 等社交平台的 API，将其数据整合到 DXP 应用中
微服务集成	设计为独立部署的模块化服务，每个服务以独立进程运行，在多个系统间高效传递数据以支持业务需求
市场集成	帮助企业通过单一服务与多个销售渠道集成，支持在不同平台上买卖产品和服务
ESB	满足中大型企业的业务需求，支持多个系统间的高效交互，例如银行领域的集成应用场景
内置连接器	提供与多个组件的连接功能，如 JDBC 连接器访问数据库、远程过程调用连接器进行远程过程调用等，方便 DXP 应用的集成
可插拔适配器	提供多种适配器（如 JMS 适配器和数据流适配器），用于数据的访问和格式转换，支持高效处理数据流

> 集成样式、协议、系统和模式

DXP 支持多种设计模式和集成平台，能够适应不同的业务需求。本章后续部分将逐一介绍这些集成模式及其实现模型。

集成样式

集成样式指的是实现数据消费和交换的各种方法，包括远程过程调用、消息传递、文件传输、数据库访问以及远程方法调用。这些方法旨在连接多个应用程序，实现数据或信息的共享。

远程过程调用

- **远程过程调用：**远程过程调用是一个现代化的开源高性能 RPC 框架，能够在任何环境中运行。它高效地连接数据中心内部及跨数据中心的服务，支持模块化功能，如负载均衡、追踪、健康检查和身份验证。此外，远程过程调用可以实现浏览器与后端服务的连接，以及设备和移动应用的交互。例如，Hyperledger Fabric 区块链项目使用远程过程调用与区块链网络通信。

消息文件传输

- **JMS（Java 消息服务）：**JMS 用于应用程序之间发送消息，属于异步通信协议。客户端无须主动请求，消息会自动推送到客户端。JMS 提供两种通信模式：
  - **点对点消息域：**单条消息只发送给一个接收者，使用队列（Queue）存储和传递消息。
  - **发布-订阅消息域：**类似广播，一条消息会发送给所有订阅者，使用一个称为主题（Topic）的目标对象来存储和传递消息。
- **MQTT（消息队列遥测传输）：**MQTT 是一种基于发布-订阅模型的消息传输协议，运行在 TCP/IP 协议之上，专为低带宽受限设备设计，非常适合 IoT 应用。该协议支持向控制设备发送命令，以及从 IoT 传感器读取和发布数据。

数据库

- 应用程序的数据存储在数据库中，并可以与数据库集成以访问共享数据。根据使用场景的需求，应用程序既可以集成 SQL 数据库，也可以集成 NoSQL 数据库。

文件传输

- 应用程序支持通过文件的方式进行数据交换。一些应用程序生成包含共享数据的文件，供其他应用程序消费，同时也可以使用其他应用程序生成的文件。

集成协议

集成协议（亦称 Web 服务协议）用于定义两个应用程序之间消息传递的结构和规则。

SOAP 协议

SOAP 是一种消息协议，用于在 Web 服务中交换信息。它采用 XML 格式消息，并通过 HTTP 协议进行传输。

SOAP 消息主要由三个部分组成：信封、头部和主体。

以下展示了一个典型的 SOAP 消息信封示例：

```
Python
POST /Transaction HTTP/1.1
Host: www.example.org
Content-Type: application/soap+xml; charset=utf-8
Content-Length: 200
SOAPAction: "http: //www.w3.org/2003/05/soap-envelope"
<?xml version=" 1.0" ?>
<soap: Envelope xmlns: soap=" http: //www.w3.org/2003/05/soap-envelope"
xmlns: m=" http: //www.example.org" >
<soap: Header>
</soap: Header>
<soap: Body>
<m: Balance>
<m: Amount>2000 </m: Amount>
</m: Balance>
```

```
</soap: Body>
</soap: Envelope>
```

XML-RPC

XML-RPC 是一种通过 HTTP 协议传输消息的 RPC 协议，它使用 XML 格式封装消息。以下展示了一个典型的 XML-RPC 请求示例：

```
Python
<?xml version=” 1.0” ?>
<methodCall>
<methodName>account.getBalance</methodName>
<params>
<param>
<value><i4>Sourabh_Sethi</i4></value>
</param>
</params>
</methodCall>
    An example of a typical XML-RPC response is:
<?xml version=” 1.0” ?>
<methodResponse>
<params>
<param>
<value><string>2000 USD</string></value>
</param>
</params>
</methodResponse>
```

JSON-RPC

JSON-RPC 是一种采用 JSON 格式编码的 RPC 协议，其特点是简单且轻量，如以下示例所示。DXP 可以处理各种数据格式，但在与其他应用交互时，推荐使用此协议。

以下是一个典型的 JSON-RPC 请求示例：

```
Python
{
“account”: “ABCBANK1234”,
}
```

以下是一个典型的 JSON-RPC 响应示例：

```
Python
{
        "account" : "ABCBANK1234" ,
        "transaction" : [ {
                "Type" : "NEFT" ,
                "Amount" : "1250" ,
                "Currency" : "INR"
            },
            {
                "Type" : "RTGS" ,
                "Amount" : "850" ,
                "Currency" : "USD"
            }
        ]
}
```

JSON-WSP

JSON-WSP 与 JSON-RPC 协议类似，但增加了服务描述规范，包括方法、名称及描述的文档化信息，如以下示例所示。

以下是一个典型的 JSON-WSP 请求示例：

```
Python
{
        "type" : "jsonwsp/request" ,
        "version" : "1.0" ,
        "methodname" : "getTransactions" ,
        "args" : {
        "account" : "Sourabh_Sethi
}
}
```

以下是一个典型的 JSON-WSP 响应示例：

```
Python
{
  "type": "jsonwsp/response",
  "version": "1.0",
  "servicename": "Transaction",
  "methodname": "getTransaction",
  "result": [ {
       "username": "Sourabh_sethi",
       "transaction_id": 123456,
       "amount": "200",
       "type": "credit"
 },{
       "username": "Sourabh_sethi",
       "transaction_id": 123457,
        "amount": "1200",
       "type": "debit"
 }]
}
```

集成系统

集成系统包括消息及其从一种形式到另一种形式的转换。在本节中，我们将探讨消息系统的构建与转换过程。

消息系统

消息系统定义了消息格式及其转换能力，并根据服务需求设定消息通道，用于交换信息片段。

管道、过滤器和路由器负责对消息或信息片段（也称为信息交换）进行复杂处理，而处理后的数据通过路由器传递到其他消息系统。

消息端点是连接消息通道的接口，用于发送和接收消息。

消息路由

消息路由适用于单一逻辑服务与多个现有系统交互的场景，其交互通过动态指定的接收者列表实现。

通常，消息路由与拆分器配合使用：当消息包含多个接收者时，拆分器将消息分割，并根据每个接收者的需求分别处理；处理完成后，聚合器将各部分处理结果组合成最终结果。

消息构建与转换

事件消息传递用于在应用程序之间传输事件，借助相关标识符实现事件追踪。相关标识符包含返回地址，并通过请求—回复消息模式完成处理。

消息通过信封封装，以确保现有系统能够参与消息系统，同时建立安全的消息头加密方法。

内容过滤与校验模式适用于大数据量消息的处理。即使消息体积较大，此模式也能够高效提取其中感兴趣的关键信息进行处理。

集成模式

集成模式是为常见的集成问题提供标准化解决方案的设计模式，主要包括：

- **通道模式：**定义消息在通道中的传输方式。
- **路由模式：**定义消息如何在发送者与接收者之间路由。
- **转换模式：**定义消息如何根据发送者和接收者的需求进行格式转换。
- **端点模式：**定义消息如何被消费和对外提供。

模式——简单（内部）集成

- **发布-订阅模式：**此模式允许多个应用同时消费消息。信息的标准化以源系统为基础，并同步到目标系统所需的数据。其主要目标是基于业务事件实现信息同步，从而消除处理延迟并简化批处理窗口管理的复杂性。
- **代理模式：**此模式为目标应用提供单一入口，同时支持策略实施和合规监控。通过该模式，可以有效缩短解决方案交付时间，降低集成成本和测试工作量。
- **点对点模式：**此模式保证每次只有一个应用可以消费消息，常用于 RPC 场景中的数据传输。

模式——丰富的集成交互模型

服务与语义标准化通过抽象复杂性，专注于实现灵活且松耦合的连接方式。

复合服务通过隐藏遗留系统中提供的多个细粒度服务，在策略、流程和结构三个维度上提供服务灵活性，从而创建与业务对齐的粗粒度服务。

流程服务与复合服务类似，但覆盖范围更广。它的目标是托管包含系统和人员的端到端业务流程，提供全面的业务能力并交付最终的业务成果。

模式——多渠道应用交互模型

多渠道服务帮助企业快速响应业务变化需求，为新渠道的支持提供保障，并确保所有渠道之间的功能和信息一致性。

多渠道与差异化服务在满足一致性的同时，为重要客户提供附加价值并降低服务成本。其核心目标是通过不同的交互方式和技术实现一致性，构建统一的服务体系，同时解决安全性和版本管理相关的问题。

模式——外部合作伙伴集成交互模型

该模式重点关注安全性，同时涵盖协议转换、服务质量和语义适配，支持将第三方应用程序无缝集成到 DXP 应用程序中。

模式——事件驱动的自适应企业

应对机会、干扰和威胁：此模式旨在通过从多个松散耦合的系统中捕获事件，根据情境和时间上下文（例如系统威胁与系统日志的时间序列分析）进行深度分析，并依据预定义规则快速响应外部变化和威胁。

端到端流程可视化与 KPI 监控：此模式专注于通过捕获多个松散耦合系统中的事件，结合时间序列分析关键业务指标，提供企业关键业务流程的全面可视化，同时支持端到端的 KPI 监控。

> 数据标准化

数据标准化能够帮助企业根据业务需求选择最适合的标准，包括不同的协议、架构、负载类型以及数据结构或格式。通过序列化机制，可以解决数据结构的不一致性，将一种数据结构转换为另一种形式，并通过反序列化从字节流中提取数据结构。

序列化是将对象转化为字节流的过程，以便将其存储到内存、数据库或文件中，或用于传输。通过序列化，可以保存对象的状态，从而在需要时重新创建该对象。

反之，**反序列化**是将字节流还原为对象的逆向过程。

最常用的协议和架构模式分别是 SOAP 和 REST。SOAP 是一种协议，包含一个 WSDL 文件，用于提供有关 Web 服务及服务器位置的信息。它通过服务接口暴露功能，但需要更多带宽。为了使数据通信和转换更灵活轻便，引入了 REST，它具有无状态、可缓存、分层结构、统一接口等特性。REST 较为轻量，通常包含 JSON 消息，因此消息的大小比 SOAP 小得多。DXP 的集成层可以消费任何格式的数据，但会向 DXP 的 UI 层提供 RESTFUL-JSON 服务，从而确保轻量化和灵活的数据互操作性。

> 灵活的集成中间件

DXP 的理念是支持多种中间件集成框架，从而让 DXP 的集成层具备更强的灵活性。无论现有系统使用何种技术或框架，DXP 都能够实现与多个系统之间的数据与消息交互。

在服务与集成方法的发展中，为满足企业应用集成（EAI）的需求，ESB 应运而生。ESB 被视为服务集成的核心枢纽，但其单点故障问题暴露后，面向服务的架构（SOA）成为改进方案。SOA 结合 ESB 的能力，通过分布式灵活架构及企业集成模式（EIP）的实施，成功解决了集成中的常见问题。

目前，架构正逐步向微服务转型。微服务架构采用精简化设计，使服务能够独立开发、部署、扩展和维护。这不仅进一步提升了对业务需求的响应能力，还显著缩短了产品投产或上市的周期。

EAI、SOA、ESB 与微服务

ESB 和微服务是基于 SOA 的实现模型。服务导向模型是一种用于实现 EAI 的架构方式。

- EAI：企业应用集成框架，通过连接和整合组织中的不同应用和数据源，从而简化业务流程。
- **EAI 框架**提供跨平台、跨语言的集成能力，支持不同应用间信息的顺畅交换，从而优化业务服务。
- SOA：一种架构设计范式，基于可互操作服务的设计原则，负责处理数据源、软件组件以及消息处理任务。
- ESB：企业服务总线是一种复杂架构中应用和服务集成的核心架构。

ESB 专注于组件间的交互和通信，处理服务之间的数据传输和消息交换。它还能够将消息转换为目标应用可理解的格式，以确保系统间兼容性。

在图 5-2 中，多个应用程序通过消息代理实现通信，并以不同的数据格式进行信息交换。

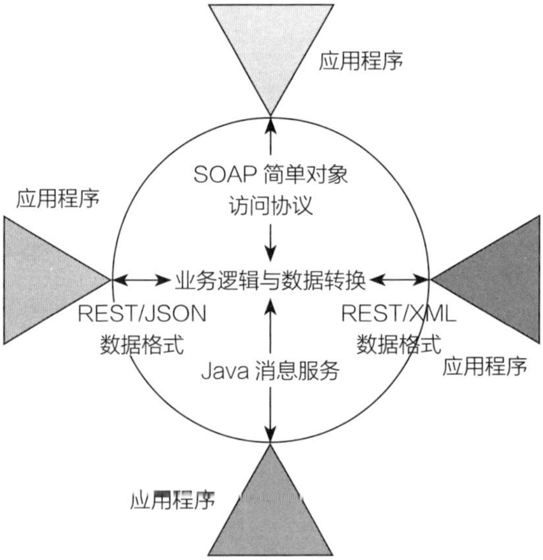

图 5-2　ESB

满足集成层目标的关键要求如下：

相互谅解备忘录

在开发集成服务之前，应通过服务合同或谅解备忘录来确保服务的质量、安全性和可扩展性。最初，MOU 通常以 SOAP 接口形式定义，得到了多种框架和工具的支持。然而，随着 Restful 服务的广泛应用，Swagger 逐渐成为定义、实现、发现和测试 REST 服务的重要标准。借助 Swagger 支持的 API，可以提供交互式文档以及软件开发工具包的生成功能。

服务协议和数据格式

开发服务时，应检查服务的通信端点，例如 HTTP 协议的 HTTP 端点、JMS 协议的 JMS 端点，以及用于机器对机器数据传输的 MQTT 端点。同时，还需确认数据格式要求，如 XML 或 JSON 格式。

API 管理

API 网关用于统一管理 API。在开发时需考虑服务的应用场景，是供单一应用使用，还是面向组织内部多个应用的共享需求。

> 为什么 DXP 需要数据转换能力？

在商业组织中，由于多个应用程序需要相互协作，数据往往以多种形式进行组织和存储。例如，旧系统可能基于 SOAP 架构，而现代化的 DXP 更倾向于使用 REST 服务。为了让旧系统与现代化系统兼容，数据转换功能不可或缺。DXP 的集成层具备与任何技术或框架的系统集成的能力，并能够根据 DXP 用户界面的需求对数据格式进行灵活转换。DXP 集成层支持以任何格式接收数据，并将其转换为 DXP UI 所需的格式，例如 SOAP、XML、JSON、REST、CSV、Microsoft Excel、数据库等均可转换为 Restful-JSON 格式。此外，DXP 可以直接使用现有系统的服务，而无须对其进行更改，同时根据 DXP 用户界面的需求灵活调整数据格式，从而确保 DXP 集成层的轻量化与灵活性。

> 集成技术栈和架构

集成技术栈的选择基于集成架构模式，例如单体架构或微服务架构。开发 DXP 集成层时，应根据需求选择最适合的架构。

单体架构

单体架构的集成技术栈根据你的集成需求包含相应集成框架，例如 Apache Camel 或其他集成框架，如图 5-3 所示。这些集成框架从第三方应用程序的数据 API 中获取数据，将数据依据客户端应用程序进行转换，并将 API 暴露给客户端应用程序。移动服务、门户服务、OTP 服务、ERP 服务、主数据管理服务等都是单一应用程序的一部分。

API 网关将服务提供给客户端应用程序，而身份验证和授权模块是集成平台的重要组成部分。

集成层由 API 提供者和 API 消费者组成。API 消费者负责从外部应用消费数据和消息，并通过相应模块进行身份验证和授权。同时，集成层根据 API 提供者的需求，结合服务的集成逻辑和业务逻辑，将服务提供给 DXP 的 UI 层（包括移动和桌面端应用）、其他平台（如区块链网络、物联网平台和人工智能平台）。

API 消费者主要负责集成社交媒体服务、分析服务、OTP 服务和第三方服务等，API 提供者则将转换后的 API 提供给 DXP 客户端应用。正如图 5-4 所示，API 消费者从外部系统获取数据，经由集成层转换后，由 API 提供者将服务提供给用户界面层。

微服务

微服务架构的集成技术栈由多个小型服务组成，每个服务运行于独立进程中，并通过轻量级通信机制在独立端口上相互通信。每个服务专注于一个业务能力，例如 OTP 服务仅提供 OTP 功能，而其他服务则有各自的进程和生命周期（图 5-5）。这些服务可以独立部署，从而显著加快发布周期。开

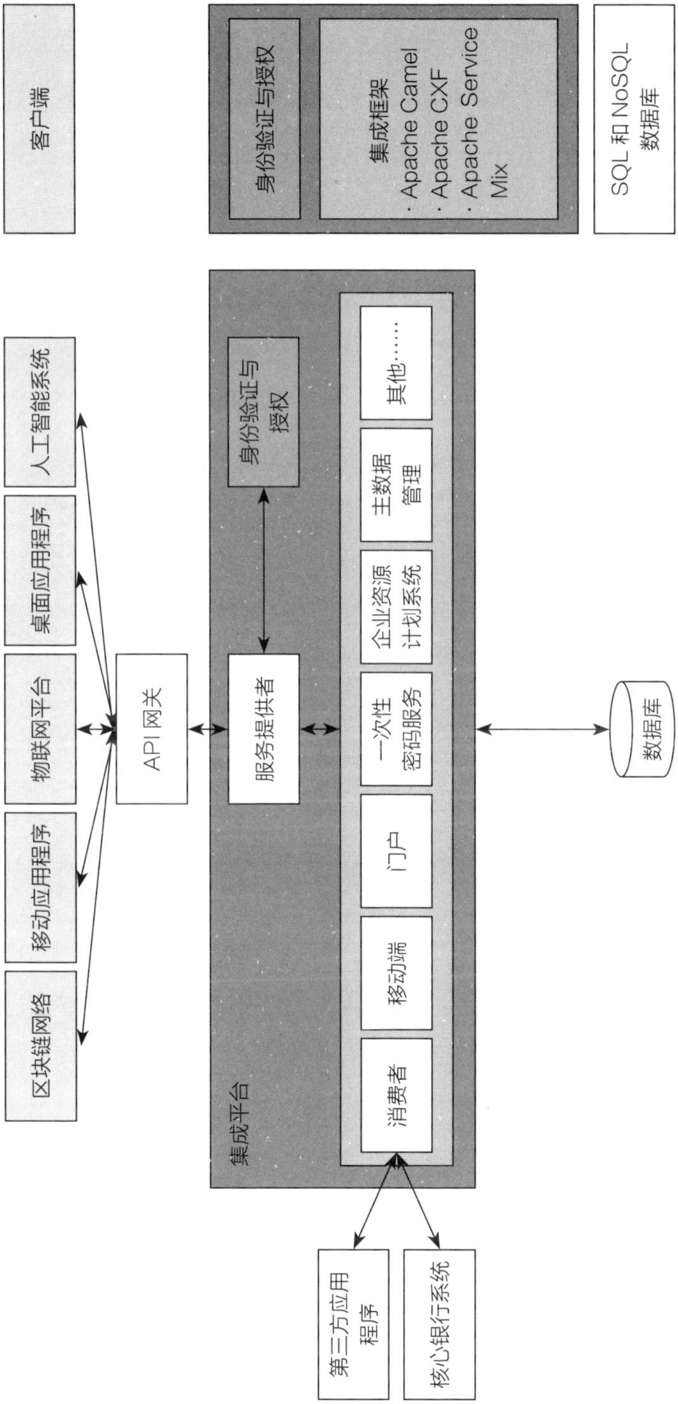
客户端
身份验证与授权
集成框架
· Apache Camel
· Apache CXF
· Apache Service Mix
SQL 和 NoSQL 数据库
区块链网络
移动应用程序
物联网平台
桌面应用程序
人工智能系统
API 网关
集成平台
服务提供者
身份验证与授权
消费者
移动端
门户
一次性密码服务
企业资源计划系统
主数据管理
其他……
数据库
第三方应用程序
核心银行系统

图 5-3　单体集成架构

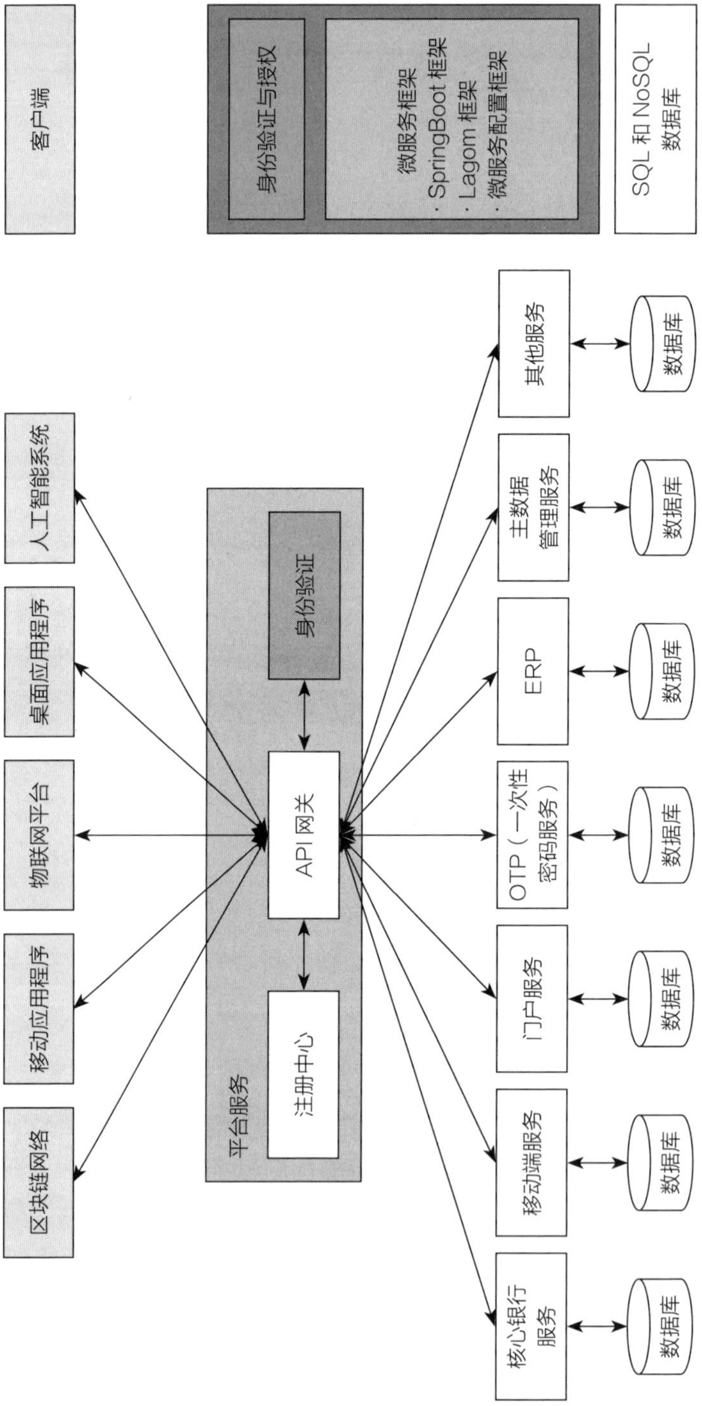
客户端
身份验证与授权
微服务框架
· SpringBoot 框架
· Lagom 框架
· 微服务配置框架
SQL 和 NoSQL
数据库
区块链网络
移动应用程序
物联网平台
桌面应用程序
人工智能系统
平台服务
注册中心
API 网关
身份验证
核心银行
服务
移动端服务
门户服务
OTP（一次性
密码服务）
ERP
主数据
管理服务
其他服务
数据库

图 5-5　微服务

发中可以选择使用 SpringBoot、Lagom 等微服务框架，如图 5-5 所示。

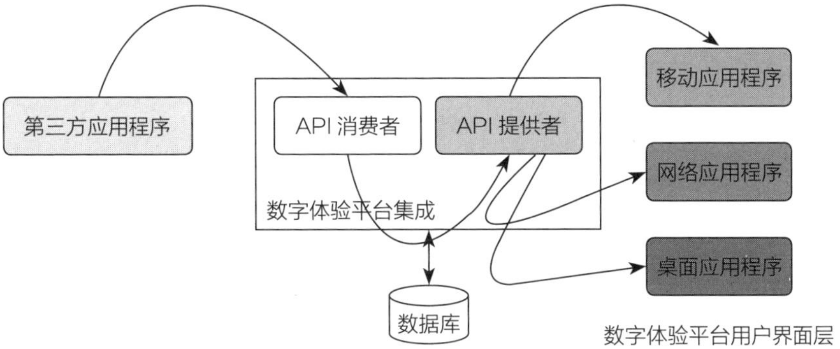

图 5-4　DXP 单体集成

ESB 和 API 网关

ESB 是一种集成工具，用于整合多个服务，将其编排为单一服务，同时提供服务路由、事件处理及监控功能。ESB 基于面向服务的架构，是一种高效的服务交付平台。在此基础上，服务网关可以进一步提升安全性，执行策略，并将服务以开放 API 的形式向外部消费者（公众）提供。服务网关还负责管理通过 ESB 构建的集成服务。

建议通过 API 网关发布 Web 服务。API 网关确保服务安全性，采用如 SAML、Kerberos、Oauth 等开放标准的验证框架和协议。

集成安全性

在通过 Web 将 API 开放给客户端应用时，确保安全性至关重要。多种框架和协议可以提供验证、授权及数据完整性等安全保障。

身份验证与授权

根据业务需求，可以通过不同框架和协议，基于令牌和会话机制，对用户进行验证和授权，以访问应用程序。以下小节将详细说明这些框架和协议。

协议

验证协议是一种加密协议，旨在安全地在两个实体之间传输验证数据。通过这些协议，用户可以实现单点登录。在单点登录场景中，用户只需登录一次（提供用户 ID 和密码），便可获取一个访问令牌，在当前会话内访问环境中的所有连接应用程序。典型协议包括 Kerberos、NTLM、OpenID 和 SAML。它们通过生成包含用户验证与授权信息的访问令牌，为多应用集成提供高效支持。

框架

可以使用 Oauth、Spring Security 等框架来实现验证与授权功能。这些框架提供了整合现有协议并为应用程序增强安全性的机制。此外，还可以结合两因素验证（2FA）框架，例如 Google Authenticator、一时间密码验证、Duo 和 Authy 2FA，与其他安全框架搭配使用，为用户提供额外的安全层。

会话管理

会话管理是一种管理应用程序状态的方式。由于 HTTP 是无状态协议，DXP 使用 HTTP 协议为应用程序提供数据和持久化服务。无状态意味着服务器在负载均衡应用程序时可以将客户端请求发送到集群中的任意节点。每次用户的请求都是独立的，因为没有状态。因此，用户请求可以分发到任何服务器。为了在客户端和服务器之间维护应用程序的状态，通常在服务器端使用会话来保存用户状态，因为服务器是有状态的。

有多种机制可以用于维护应用程序状态，例如会话黏性、会话复制和共享或集中式会话。我们可以使用会话黏性机制，确保来自特定用户的所有请求都通过负载均衡器发送到特定服务器。但如果该服务器发生故障，负载均衡器被迫将用户转移到另一台服务器时，所有用户会话数据将会丢失。

为了解决此问题，可以使用会话复制机制，这意味着每个实例保存所有的会话数据，并通过网络使用库（如 Jgroups、Hazelcast、Redis 等）进行同步。然而，同步会话数据会导致网络带宽开销。为了进一步优化，可以使用集中式会话存储机制，这意味着每当用户访问服务时，用户数据可以从共享会话存储中获取。在某些用例中，这种方式表现出色，可以通过 JDBC（数据库）会话存储机制实现，这样所有服务器都可以访问存储在数据库中的相同会话对象。

令牌管理

建议在服务器端使用会话管理，因为服务器端应用是有状态的，而客户端通过令牌管理用户登录状态。

令牌由用户自己持有，存储在浏览器缓存或 cookies 中。每次发送请求时，服务器会检查用户令牌的身份信息以确定其是否有权访问请求的资源。由于令牌用于身份验证，其内容需要加密以防止安全攻击。这可以通过使用 JSON 网络令牌标准实现，JWT 是一种开放标准（RFC 7519），定义了令牌格式及其内容。

JWT 可以根据需求使用对称或非对称加密算法对内容进行加密，从而确保客户端应用和服务器应用之间传输数据的完整性。

集成最佳实践

在开发集成层时，建议遵循表 5-3 中的最佳实践。

表 5-3 最佳实践

领域	最佳实践
1. 服务设计	· 服务应设计为无状态服务，因为当前尚无网格技术支持。 · 服务不得保存会话相关信息或请求的临时状态，应完全避免使用共享变量或本地缓存。 · 服务必须能够处理重复请求。例如，当同一请求消息因某种原因被重复传输时，服务需要通过消息语义识别重复请求并拒绝它们。 · 服务操作可能会同时运行多个实例。为避免死锁，服务需要以线程安全的方式共享资源（如文件句柄和套接字连接）

续表

领域	最佳实践
1. 服务设计	· 如果子流程中发生异常，通常的做法是通过“生成错误”活动或“重新抛出”异常将该异常传递给父流程。但是，如果子流程嵌套层次较深，这可能会导致问题，因为每个子流程都必须重新抛出错误。 · 众所周知，重新抛出异常的代价很高，因为每次抛出都必须嵌入整个堆栈的副本。 · 因此，建议通过设置标志（例如“Exception=true”）来报告这些异常，并使用适当的错误处理退出流程。这些异常应以最优方式传播至父流程
2. 流程与活动设计	· 避免频繁的“调用流程”跳转，或者为单个端到端集成设置冗长的流程调用链。 · 优先使用流程启动器而非“等待活动”（Wait-for Activities），并允许并行处理。流程启动器更适合商用任务的线程模型，因为“等待活动”无法使用流量控制功能。 · 尽可能减少活动的数量。 · 每个任务都会带来开销并降低性能。 · 例如：如果可以在 SOAP 请求活动中直接映射数据，请不要单独使用映射器活动来为 SOAP 请求映射数据。 · 数据库操作。 · 非事务组中的数据库操作。 · 将最大数据库连接数设置为引擎线程数，并在管理员界面中配置。 · 事务组中的数据库操作。 · 将最大数据库连接数设置为预期并发事务组的总数，并通过流量控制属性管理这些参数。 · 在可能的情况下，使用批处理替代单一语句，以改进延迟。 · 必须使用索引
3. 全局变量	· 全局变量以 XML 结构存储于内存中，用户无须担心数据会过期。 · 应定期清理未使用的全局变量。 · 全局变量为只读，可并发访问，无须同步。 · 由于访问最后一个元素比第一个更耗时，应清理未使用变量，并按使用频率（MFU 到 LFU）对剩余变量排序
4. 传输选项	· 在商用任务环境中，HTTP 性能优于 JMS；无论使用 HTTP 还是 JMS，SOAP 协议都会显著增加开销。 · SOAP 协议通过 HTTP 传输时，吞吐量优于通过 JMS 传输
5. BW 进程的版本控制	· 在软件开发生命周期中，建议使用 BW 进程的版本控制工具，并配置版本控制系统。 · 设计器项目需提交至企业版本的配置管理系统
6. 基于模板的开发	· ESB 设计器支持基于模板的 BW 进程开发。应为类似服务和进程定义通用模板，作为开发基准。 · 模板的使用不仅能缩短开发时间，还能统一开发标准

续表

领域	最佳实践
7. BusinessWorks 命名标准	命名结构：< 业务域 >< 业务子域 >< 服务名称 > · 企业服务的业务域 · 企业服务的业务子域 · 服务名称
8. 组件命名标准	进程命名规则 · 进程启动器-Receive<object><event> · 服务-<ServiceName> · 进程-操作名称-<ServiceName><OperationName> · 子进程-<action><object> · 数据库持久化-Persist<object> · XML 转字符串-Render<object> · 发送到 BC-Send<object> · 转换-Xfrmobject>To<object> · 验证进程-Validate：Validate<object>
9. 企业归档命名标准	· <ProjectName>_<DeploymentClassifier>.ear ：用于业务进程引擎的部署。 · <ProjectName>_<DeploymentClassifier>.war ：用于 Web 应用程序的部署

> BXP 案例研究

通过 BXP 集成概念，组织可以整合来自第三方应用程序的数据，使登录单一门户的不同用户能够访问其详细信息、交易记录和账户。银行领域需要依赖多个第三方应用程序（如主数据管理系统、核心银行系统、OTP 和短信网关、通过 LDAP 服务器进行的第三方授权应用程序等）来支持整个银行组织的运营，如图 5-6 所示。

BXP 集成层的集成服务包含代理，用于在 BXP 的 UI 组件与第三方服务和系统之间进行通信。

BXP 实现了广为人知的企业集成模式，因此提供了一种用于集成应用程序的标准化领域特定语言。如图 5-7 所示，账户服务和交易服务正在进行转换。账户服务由主数据管理系统通过 HTTP 协议以 JSON 格式提供，而交易

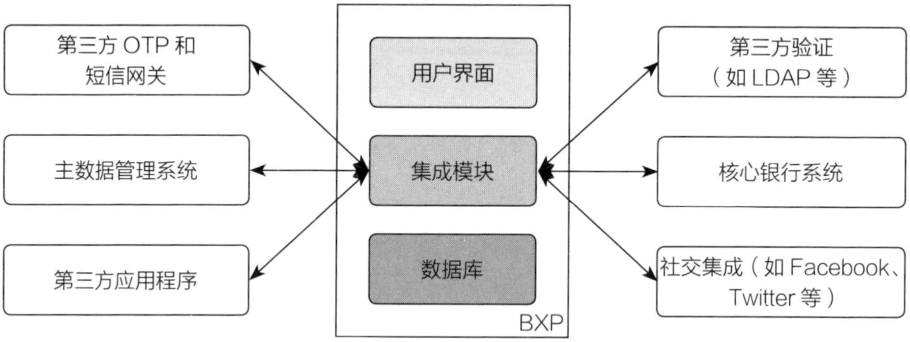

图 5-6　BXP 概览

服务由核心银行系统通过 HTTP 协议以 XML 格式提供。但 DXP 的 UI 应用程序需要以 JSON 格式通过 HTTP 协议传输的数据，因此引入了集成层来处理数据转换，并将新接口以 getAccountDetails 和 getTransactionDetails 的形式暴露给 UI 应用程序。

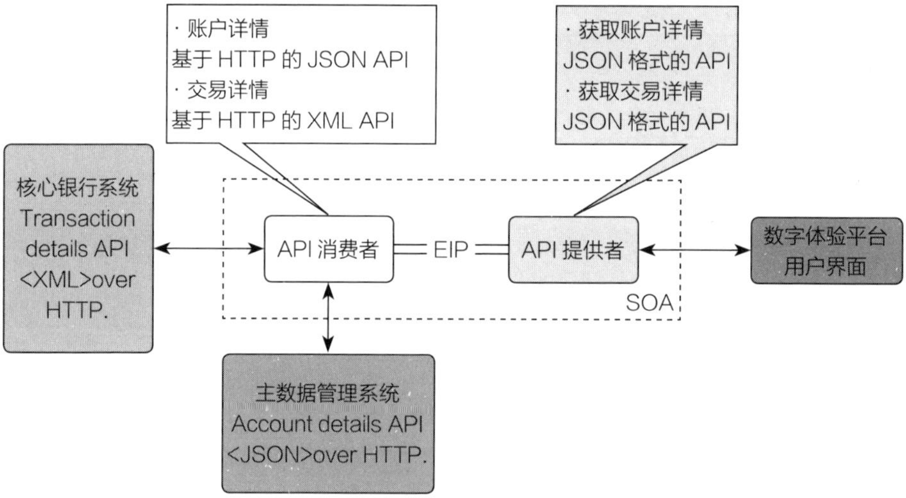

图 5-7　数据转换

- **API 消费者：** API 消费者从不同的应用程序中获取数据，这些数据以消息交换的形式存在，通常包含不同的数据格式和负载。集成框架利用企业集成模式，根据业务需求对数据进行转换。

- **API 提供者：** API 提供者提供经过新转换的服务，并通过新的端点开放给 DXP 的 UI 组件。根据 DXP UI 的需求，API 提供者以 JSON 格式提供 REST 端点。

我们将简要分析这一集成问题。某银行机构的两个服务（账户详情和交易详情）分别由两个不同的系统以不同的格式提供。但 BXP 需要进行集成，以便按照 BXP 的需求将数据填充到 BXP 的 UI 组件中。为了转换这些服务，我们先来看一下 BXP 的 UI 需求。

- **BXP 的 UI 需求。** BXP UI 的需求包括以下几点：

a. **数据格式要求：** 数据应为 JSON 格式。

b. **字段限制：** UI 组件仅需要以下字段：客户姓名、账户号码、当前余额，以及最近 10 笔交易记录。

- **现有服务。** 以下是现有系统提供的服务情况：

a. **核心银行应用（交易服务）**

  · **数据格式：** JSON。

  · **数据内容：** 包含大量字段，如账户号码、最近一个月的交易记录、定期存款详情等。然而，BXP UI 仅需要特定用户的账户号码、当前余额以及最近 10 笔交易。

b. **主数据管理应用**

  · **数据格式：** XML。

  · **数据内容：** 包括客户姓名、客户编号、服务编号、地址等大量字段。但 BXP UI 只需要客户姓名及其对应的账户号码。

集成层从现有服务中提取所需字段，利用企业集成模式对数据格式进行转换，并通过新的 REST 服务 getTransactionDetails 和 getAccountDetails 提供这些转换后的数据，以满足 UI 组件对简化数据字段的需求。

集成层开发的示例代码可参见本书的附录 B。

我们选择 Apache Camel 框架作为 DXP 集成层的实现工具，主要原因包括：

- 支持多种企业集成模式，能够高效处理数据转换。
- 开源、可扩展且灵活，适合不同规模的集成需求。

- 完美契合 DXP 设计理念，能够更好地支持平台的功能扩展。

案例研究总结

通过本案例研究，你可以深入理解不同的集成服务及其如何通过企业集成模式集成到 DXP 中。掌握各种协议、架构模式和数据结构的相关知识，将帮助你基于 DXP 的理念与原则设计一个高效的集成系统。本次 BXP 案例展示了如何设计 DXP 的集成层，通过对两个服务的建模，将其以 REST API 的形式提供给 BXP 的 UI 组件使用。

本章总结

- DXP 集成层是整个平台的核心部分，集成是企业应用的中枢，提供了高效且灵活的集成能力，从而实现数据的高效互操作性。
- 本章内容帮助你深入理解 DXP 集成层的基本原则和核心设计理念。
- 通过本章，你将学会如何基于 DXP 的核心概念分析业务需求，并设计一个高效且符合要求的集成层。

第6章 DXP 的安全性

DXP 由各种技术组成，如网络技术、内容技术和数据库技术。安全性是 DXP 程序成功的基础。缺乏足够的安全措施会影响用户的信任度，并严重影响整体应用程序。定义和维护 DXP 的安全性是一个持续的过程。

在本章中，我们讨论 DXP 的一些核心安全问题。

> DXP 安全框架

针对 DXP 应用程序中需要解决的安全问题，DXP 安全框架定义了一些关键的原则（图 6–1）。我们需要解决与每个安全原则相关的问题。

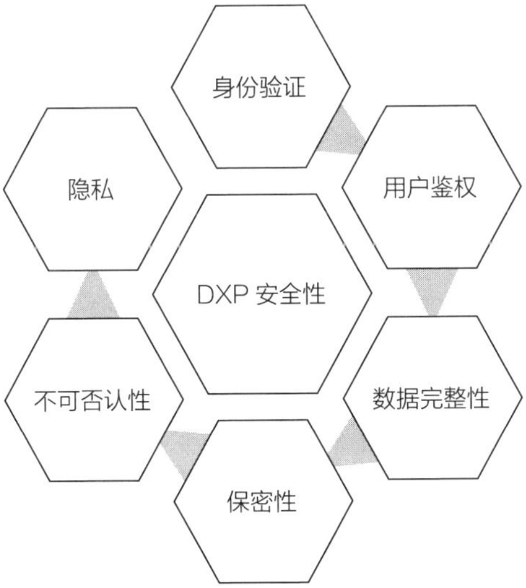

图 6–1　DXP 安全框架

DXP 安全框架的关键要素如下：

- 身份验证用于验证用户的身份，包括身份验证机制、单点登录和用户凭证管理。
- 隐私管理确保用户的个人信息受到保护。在存储、传输和与第三方服务共享信息时，应处理隐私问题。
- 用户鉴权验证用户的权限和对功能及资源的细粒度访问控制，实施基于权限 / 角色的安全资源访问。
- 保密性确保信息在相关方之间安全地交换，并基于需要知晓的原则进行。
- 数据完整性确保信息在传输过程中未被修改，需要加密和安全传输以保证数据的完整性。
- 不可否认性确保数据和证据无法被篡改或删除，通过强大的追踪、身份验证和授权流程以及审计来实现。

DXP 分层安全

由于 DXP 由多个层构成，因此在每一层都必须实施安全措施。

图 6-2 展示了 DXP 的分层安全漏洞和安全措施。

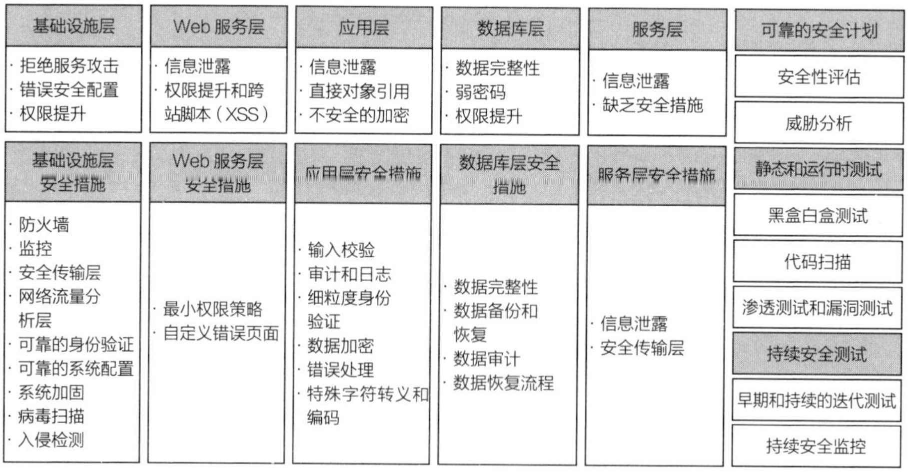

图 6-2　DXP 分层安全漏洞和安全措施

以下列表详细介绍了可以在每一层采取的各种安全措施和最佳实践：

- 基础设施层安全：此层的主要安全漏洞包括拒绝服务攻击、错误的安全配置和权限提升。为了解决这些安全漏洞，适当的安全措施包括部署防火墙、实施强有力的监控，以及使用安全套接字层（SSL）/传输层安全协议（TLS），提供稳健的服务器配置、进行服务器加固（禁用服务器机器上所有不必要的端口、服务和协议），以及安装病毒扫描器和入侵检测系统。
- Web 服务器层安全：此层的主要漏洞是堆栈跟踪和错误信息中的意外信息泄露以及权限提升攻击。为了解决这个问题，我们需要使用自定义消息来隐藏系统和框架的细节。对所有资源实施最小权限策略，以防止意外信息泄露，最小化权限提升风险。
- 应用服务器层安全：此层的主要安全漏洞包括注入攻击和不安全的加密方法。缓解此层安全威胁的最佳实践包括强有力的输入验证、强制对资源的正确访问控制、正确的错误处理、可靠的加密方法，以及使用全面的审计、监控和日志记录。
- 数据库服务器层安全：此层的主要安全漏洞是弱密码和权限提升攻击。为了解决这些问题，我们需要对应用数据库用户实施最小权限访问，并建立可靠的数据备份和恢复流程。
- 服务服务器层安全：此层的主要安全问题是信息泄露和缺乏加密措施。为了解决这些问题，我们需要实施消息级别的安全措施，例如加密消息、向消息中添加安全令牌（包括登录用户角色、时间戳等详细信息的加密信息），并使用安全的传输层进行消息通信。

除了这些分层安全措施外，我们还应将以下内容纳入安全最佳实践：

- 可靠的安全规划：我们需要对 DXP 应用进行详细的安全需求评估，并进行威胁分析。威胁分析将帮助我们识别安全场景，并基于此开发测试用例。
- 静态和运行时安全测试：静态安全测试包括自动化安全测试和安全代码审查；运行时安全测试包括渗透测试。

- 持续安全测试：安全测试应在项目生命周期内持续进行，并以迭代方式开展。应建立实时安全监控基础设施，持续监测安全事件。

DXP 常见安全场景

DXP 主要基于 Web 技术，因此适用于 Web 的所有威胁场景同样适用于 DXP。

以下是可以在 DXP 实施中使用的常见安全最佳实践：

密码标准

DXP 的密码策略应在账户设置、密码更改和所有账户验证场景中强制执行更严格的密码规则。不足或薄弱的密码政策会增加漏洞风险。以下是密码政策的关键最佳实践：

- 强制设定最小密码长度，通常建议至少为 8 个字符。
- 强制在密码中混合使用数字、特殊字符和大写字母。
- 定期强制用户更改密码（例如，在 90 天后强制用户更改密码）。
- 避免使用常见密码、字典词或常用短语作为密码。
- 维护之前密码的历史记录，以确保新密码不重复使用历史中的密码。
- 通过电子邮件发送密码重置链接，而不是以明文形式发送更新的密码。
- 密码在存储到数据库或属性文件时应以单向哈希方式存储（不可解密的形式）。使用强加密算法，如 AES 128 或 SHA 1256 位加密模式。
- 审核密码重试次数，并限制最大密码重试次数。
- 使用 CAPTCHA 验证功能，如用户注册和密码重置，来防止自动化攻击和机器人攻击。
- 在连续多次密码尝试失败后，锁定账户。

会话管理

用户成功登录后，将建立一个会话。有效的用户会话包括用户信息、应用数据等。管理用户会话的最佳实践如下：

- 强制实施自动的空闲会话超时，在特定时间内无操作后使会话失效，防止会话被误用。通常，空闲会话超时设置为 30 分钟较为合适。
- 防止多个会话 / 用户在同一时间登录，避免会话劫持。
- 每次请求时使用 CSRF 令牌（唯一标识符），防止 CSRF 攻击。
- 不要在会话 Cookie 中存储任何敏感信息。
- 在传输敏感信息时，使用安全的传输协议（如 HTTPS、FTPS）。
- 不要将会话 ID 作为 URL 参数发送。

信息管理

与 DXP 系统相关的信息和应用数据应小心保护，以防止复杂的黑客攻击。以下是信息管理相关的最佳实践：

- 防止在日志文件、异常消息和错误日志中意外泄露信息。这包括与 Web 服务器名称 / 版本、使用的编程语言、主机名、IP 地址等敏感信息相关的数据。
- 根据数据的敏感性制定数据分类政策。例如，我们可以将数据分为三个类别：“公开”“私有”和“机密”。然后，根据不同的类别应用相应的安全政策。
- 所有敏感数据，如密码和服务器名称，在存储或传输时应进行加密。
- 更新所有服务器配置，隐藏服务器特定信息，并创建自定义错误页面。

数据验证

基于 DXP 的应用程序在许多场景下都会接收来自终端用户的数据，如注册信息、评论等。所有此类用户数据都应进行适当验证，以防止各种攻击。以下是一些输入数据验证的最佳实践：

- 验证所有用户输入数据，使用白名单和黑名单。白名单列出所有允许的字符，黑名单列出所有不允许的字符。对保留字符和特殊字符（如 HTML 标签或 JavaScript 代码）进行编码或转义。
- 在使用输入数据执行数据库查询时，验证终端用户输入的值。这可以防止 SQL 注入攻击。
- 对来自终端用户和不可信源的输入数据进行严格验证。包括长度验证、特殊字符验证、黑名单验证、类型验证、格式验证、范围验证等。

服务安全管理

服务在 DXP 中被广泛使用。DXP 的核心围绕服务构建。基于服务的设计提供了松耦合、易于扩展的架构。以下是服务安全的最佳实践：

- 使用安全的传输层协议，如 HTTPS，提供传输级安全性。安全的传输层使用证书来确保数据完整性，防止数据被拦截攻击。
- 消息级加密包括对消息进行加密或使用数字签名对消息进行签名，以确保消息的机密性。
- 在消息信封中添加安全头信息和 / 或向消息中添加安全令牌。
- 使用开放的安全标准，如 ws-security 或 SAML，以加强服务安全。

> DXP 安全漏洞和最佳实践

表 6-1 列出了关键的安全漏洞以及应对这些漏洞的主要最佳实践。

表 6-1 DXP 的安全漏洞

类别	主要漏洞	最佳实践
会话管理	· 可预测的会话 ID · 缺乏会话超时 · 中间人攻击 · 跨站请求伪造（CSRF） · 拒绝服务攻击（DoS）和分布式拒绝服务攻击（DDoS）	· 防止多点同时登录。 · 确保会话 ID 的随机性，使用强随机数生成器。 · 提供自动会话超时功能。 · 对机密信息使用安全传输层。 · 不在 Cookie 中存储敏感信息。 · 使用 Cookie 的安全属性。 · 不使用 HTTP GET 请求传输敏感数据。 · 不向互联网用户提供管理接口，除非有强大的授权控制。 · 仅启用必要的 HTTP 方法。如果应用程序不使用 TRACE、PUT 和 HEAD 方法，可以禁用这些方法。 · 仅对授权的内容作者启用 WebDAV 方法
数据验证	· 注入攻击（涉及 SQL、LDAP、操作系统、XPath、HTTP 头） · 跨站脚本攻击（XSS） · 可执行文件上传	· 执行客户端和服务器端验证。 · 编码并清理用户数据。 · 进行黑名单验证，拒绝 / 删除所有特殊字符。 · 使用参数化查询、预处理语句或 ORM 框架执行数据库查询。 · 阻止任何调用操作系统命令的脚本，并防止上传任何可执行文件。 · 使用 XSS 过滤器仅允许安全命令并清理输入
身份认证	· 暴力破解 · 弱密码策略 · 跨站请求伪造（CSRF）	· 使用 CAPTCHA。 · 使用强密码策略。 · 在 Web 请求中使用 CSRF 令牌。可以使用来源验证或自定义 HTTP 头（如 X-requested-by）来避免 CSRF 攻击。 · 对安全操作使用多因素身份验证。 · 禁用存储敏感信息（如用户名、密码、电子邮件 ID 等）的表单字段的自动填充功能
鉴权授权	· 缺乏充分的授权和许可模型 · 不安全的用户伪装	· 定义基于角色的访问和权限模型。 · 在进行敏感操作（如密码更新）之前验证用户详细信息。 · 使用“默认拒绝”和“最小权限”策略。 · 实施细粒度的访问控制，例如对页面和功能等资源的控制
信息管理	· 意外的信息泄露	· 从日志文件中移除所有服务器特定的信息。 · 在安全事件中仅显示最少的错误信息。 · 仅收集必要的个人身份信息，并在存储和传输过程中保护这些信息。 · 不缓存敏感数据。 · 使用纵深防御原则，在所有层级进行访问和数据验证
基础设施安全	· 拒绝服务攻击（DoS） · 分布式拒绝服务攻击（DDoS） · 权限提升	· 服务器加固，仅允许预配置端口的流量。 · 以仅限必要的非管理员权限运行应用程序进程。 · 为运行应用程序进程的服务登录账户提供最小权限。 · 使用 Web 应用防火墙防止基于 Web 的攻击。 · 禁用所有不必要的服务，并在服务器上安装防病毒扫描程序。 · 使用负载均衡器和 / 或云安全来处理流量激增。 · 在防火墙中过滤数据包以防止 DoS/DDoS 攻击

> DXP 安全测试框架

DXP 的安全测试计划应在所有阶段迭代进行。为了实现全面的安全，我们应该实时监控应用程序的安全事件，并在安全事件发生时采取纠正措施。

DXP 安全测试框架的关键步骤如图 6–3 所示。

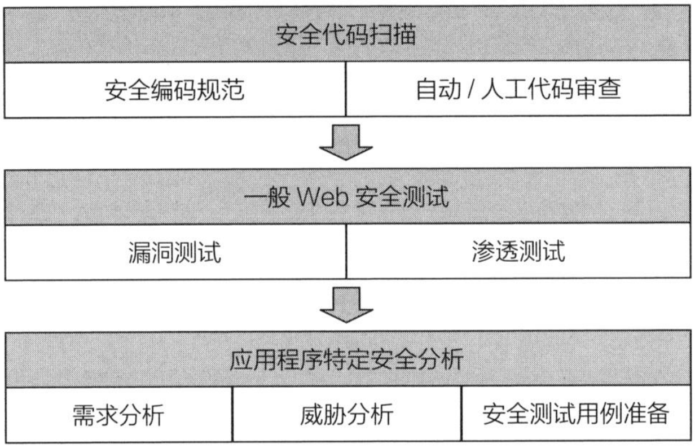

图 6–3　DXP 安全测试框架

DXP 安全测试的主要阶段如下：

安全代码扫描

在这个阶段，开发团队使用安全编码规范和标准来开发 DXP 应用程序。安全指南、编码标准和白盒安全工具在此阶段被使用。可以使用自动化的安全代码扫描工具和人工代码审查来检查是否存在已知的安全问题。

通过安全代码审查可以揭示的常见安全问题如下：

- 在代码、配置文件或数据库中以明文格式使用密码。
- 直接使用用户输入进行 SQL 查询或 LDAP 查询，从而导致注入攻击。
- 缺乏对用户输入、Cookie 值、URL 参数和表单字段值的验证。
- 使用较弱的唯一键生成算法来创建 ID。
- 堆栈跟踪和异常处理模块提供了服务器和其他内部细节，可能被他人利用。

- 缺乏审计和监控安全事件，如账户锁定、登录、注销、密码错误尝试、密码更改事件等。

常规 Web 安全测试

在此阶段，我们针对常见和已知的漏洞进行黑盒安全测试，包括漏洞场景和渗透场景的测试。这包括对应用程序进行 OWASP（开放 Web 应用安全项目）十大漏洞、CWS/SANS（系统管理员、审计、网络、安全）25 大错误以及常见注入攻击的测试。可以使用诸如 Burp Suite、Zed Attack Proxy、Fiddler 和 WebScarab 等工具进行漏洞测试和渗透测试。本类别中的主要测试场景如下：

- 跨站脚本攻击测试。
- 资源目录浏览测试。
- 受保护资源上访问控制缺失的测试。
- 测试访问 URL 和资源的权限。
- 检查 Cookie 和 HTTP 头中的意外信息泄露。
- 检查服务器错误页面和错误处理中的信息泄漏。
- 检查 CSRF 令牌。
- 检查错误配置的安全设置，如错误配置的 HTTP 头部或错误页面。
- 测试缓冲区溢出。
- 测试注入攻击（SQL 注入、LDAP 注入、XPath 注入）。
- 测试拒绝服务攻击。

应用程序特定安全分析

在此阶段，我们分析 DXP 应用程序的需求并了解与安全相关的要求。我们通过理解以下内容来进行威胁建模：

- 确定组织和应用程序的主要安全目标。
- 用户类型及其安全需求。
- 数据安全需求。

- 敏感操作的详细信息。
- 客户端和服务器端验证的详细信息。
- 身份验证和授权的详细信息。

基于这些信息，我们将创建安全测试用例。让我们看一下银行领域两个关键操作的威胁分析。在这里，我们针对“交易管理”和“资金转账”场景进行威胁分析。

银行 DXP 中交易管理的威胁分析

交易管理中的主要漏洞如下。我们可以为这些场景创建安全测试用例：

- 使用 SQL 注入攻击篡改交易详细信息（如账户号码、账户持有人姓名、时间戳），并尝试查看 / 更新 / 删除其他用户的交易详情。
- 添加虚假、重复、不完整或不准确的交易。
- 通过中间人攻击或 CSRF 攻击尝试窃取其他用户的交易详情。

银行 DXP 中资金管理的威胁分析

资金管理中的主要漏洞如下。我们可以为这些场景创建安全测试用例：

- 通过 SQL 注入攻击篡改账户中的资金余额。
- 尝试从其他用户账户转账。
- 修改其他用户的个人资料信息。
- 查看其他用户的账户详情。

> DXP 安全检查清单

在本节中，我们定义了不同类别的安全检查清单。这些清单可以在安全代码审查和安全测试过程中使用。

DXP 架构和设计阶段安全检查清单

- 确保在客户端、服务器端和所有集成层进行安全验证。

- 使用第三方库时，检查是否存在已知的安全漏洞。
- 识别所有敏感数据，并根据敏感程度对数据进行分类。为每个类别明确定义安全策略。
- 在所有软件开发生命周期（SDLC）阶段强制执行持续且迭代的安全测试。
- 定义一个健全的加密过程和加密流程。优先使用强加密算法（如 SHA 256 位）进行加密，并使用单向哈希算法对敏感数据进行加密。
- 为所有敏感事务建立安全的传输层。
- 对 DXP 应用程序执行详细的线程分析，并为此定义安全测试用例。

DXP 信息管理安全检查清单

- 为 DXP 应用程序定义安全类别。例如，我们可以定义三类：公开、私有和机密。为每个安全类别定义安全策略：所有标记为"公开"的数据对访客用户和公共用户可见；所有标记为"私有"的数据仅对已登录用户可访问；所有标记为"机密"的数据仅对具有管理员角色的用户可见。此外，所有标记为"私有"或"机密"的数据在静态存储和传输过程中都应进行加密。
- 确保不将敏感数据（如社会安全号码、用户密码、信用卡等）以明文形式存储在应用日志中。
- 确保不将敏感数据缓存或存储在浏览器 Cookie 中。禁用浏览器的自动填充功能，避免敏感表单字段被自动填写。
- 确保在没有相关所有者同意的情况下，敏感数据不会与外部或第三方服务共享。
- 不要在隐藏的表单字段、元标签或对最终用户可访问的自定义 HTTP 头中使用敏感数据。

DXP 身份验证和会话管理检查清单

- 确保有一个使用企业范围内 LDAP 或 Active Directory 的集中身份验

证管理系统。

- 确保集中式身份验证系统执行强密码策略。密码策略包括对密码强度的限制、密码更改频率、密码更改事件的通知、账户锁定策略等。
- 为敏感功能（如管理员功能、密码更新功能等）定义多因素身份验证。
- 定义严格的会话管理策略，包括空闲会话超时、避免多个同时会话、创建随机会话 ID 等。
- DXP 应用程序的处理过程必须以最小权限运行。
- 用户退出时使会话失效。在单点登录场景中，使所有已登录的企业应用程序会话失效。
- 使用安全的 Cookie 属性，如 HttpOnly 和 Secure，以及严格的传输安全头，确保数据传输的安全性。
- 在访问受保护资源时，遵循最小权限原则。
- 使用验证码来减少自动化表单提交、机器人攻击和密码重置。

DXP 网络通信管理安全检查清单

- 建立端到端的 TLS，并为所有敏感数据通信使用 SSL 加密。
- 利用防火墙并配置规则，阻止导致拒绝服务攻击的数据包和流量。
- 建立网络监控基础设施，实时识别任何安全事件。
- 不允许使用不安全的协议（如 HTTP）访问敏感资源，如敏感网页、URL、数据和功能。
- 仅使用由授权证书颁发机构签发的有效 SSL 证书。

DXP 输入验证安全检查清单

- 清理用户输入数据，移除并编码所有可能导致注入攻击和跨站脚本攻击的特殊字符。这包括提交的表单数据、用户生成内容（如博客文章、评论等）和 URL 参数。
- 特别对用户生成内容进行 HTML 响应编码。

- 对每个请求使用唯一的 CSRF 令牌，以防止跨站请求伪造攻击。
- 防止上传可执行文件，并验证所有上传的文件。

DXP 安全审计和日志记录安全检查清单

- 确保应用程序记录所有安全事件，例如密码更改、登录失败、管理员活动、角色 / 权限更改等。
- 不允许默认框架错误信息和堆栈跟踪（日志信息）出现在错误页面中。显示通用错误信息，避免透露应用程序框架和技术的详细信息。
- 不在应用日志文件中记录敏感数据。
- 保护日志文件并限制对日志文件位置的访问。

本章总结

- DXP 安全框架定义了需要在 DXP 应用程序中解决的关键安全问题。
- DXP 安全框架的关键元素包括身份验证、授权、隐私、完整性、不可否认性和保密性。
- 身份验证：验证用户的身份。
- 隐私：确保用户的个人信息得到保护。
- 授权：提供基于角色的访问权限控制功能和资源。
- 保密性：确保仅授予特权用户访问权限。
- 完整性：确保信息在传输过程中不被修改。
- 不可否认性：确保证据不能被篡改或删除。
- 层级式 DXP 安全，包括在基础设施层、Web 服务器层、应用服务器层、数据库层和服务层执行安全最佳实践。
- DXP 的常见安全场景包括密码标准、会话管理、信息管理、数据验证和服务安全管理。
- DXP 安全测试框架的关键步骤包括安全代码扫描、通用 Web 安全测试和应用特定的安全分析。

第 7 章 DXP 信息安全

信息安全对于应用于金融领域（如银行）的数字平台至关重要。本章讨论了信息安全的各个方面。本章给出的最佳实践可用于为 DXP 定义和实施一套稳固的信息安全框架。

DXP 解决方案中的信息安全

信息安全定义了保护静态数据和传输中数据的策略。信息安全的基本原则如下：

- 信息安全策略：组织应定义安全策略、程序和流程，以防止未经授权的访问并确保信息的适当使用。
- 数据访问策略定义：应根据数据的敏感性定义数据访问策略。
- 纵深防御：在每个应用层提供分层的访问策略。
- 分区化：对信息进行分组，仅在“需要知道”的基础上授予对分组信息（称为“分区”）的访问权限。分区化可以减少攻击面，并通过分层安全和最低权限原则实现。
- 默认最小权限：仅提供实体和进程所需的最小权限。
- 集中化访问：所有安全策略（如身份验证和授权）应集中控制。

实施纵深防御

纵深防御在每一层都提供安全检查。我们将探讨各层的纵深防御。

防火墙和代理

对于不受信任的区域和面向外部的系统，我们需要使用防火墙来提供防御应对攻击，具体包括以下保护措施：

- 拒绝服务和分布式拒绝服务攻击的防护。
- 防止垃圾邮件和恶意软件的攻击。
- 流量的负载均衡。
- 使用正向代理和反向代理过滤恶意数据。

服务器硬件级保护

在服务器硬件级别可以采取以下安全措施：

- 强化所有生产服务器，封锁所有不必要的端口、服务、协议和软件。移除 Web 服务器和应用服务器中所有不必要的模块、文件共享、过滤器和服务。
- 强化生产服务器的操作系统，移除所有不必要的软件和服务。
- 在生产服务器上安装防病毒软件、漏洞扫描器和反恶意软件。启用服务器硬件的硬盘加密功能。
- 所有生产服务器应定期更新安全补丁和安全修复程序。

监控基础设施

安装入侵检测系统和网络监控系统。监控基础设施应持续监控应用程序的安全事件，并实时报告这些事件。

备份任务和同步任务

系统管理员应定义备份和同步任务，以定期备份重要数据。文件和代码也应定期备份。

灾难恢复和业务连续性计划

为了全面保护数据，组织应建立一个灾难恢复（DR）环境，定期备份数据。在意外灾难发生时，组织可以使用 DR 环境在短时间内恢复业务。

> 实施信息安全策略

定义和实施强有力的信息安全策略是为 DXP 提供强大信息安全的关键。本节讨论了与信息安全策略相关的各个方面。

信息访问策略

我们需要定义安全策略和流程来保护信息，以便信息能够被适当地使用、分发、修改、记录和销毁。

- 定义在社交媒体平台上共享敏感信息的策略。
- 定期进行安全审计，确保符合已定义的安全策略（如国际标准化组织和国际电工委员会 27002 的标准）。在需要的情况下，组织还应聘请外部审核员或认证机构来评估安全合规性。
- 在安全审计日志中记录、监控和跟踪所有访问变更更改事件和管理员活动。访问日志应根据法规进行保留和归档。

创建信息安全政策的过程详见图 7-1。

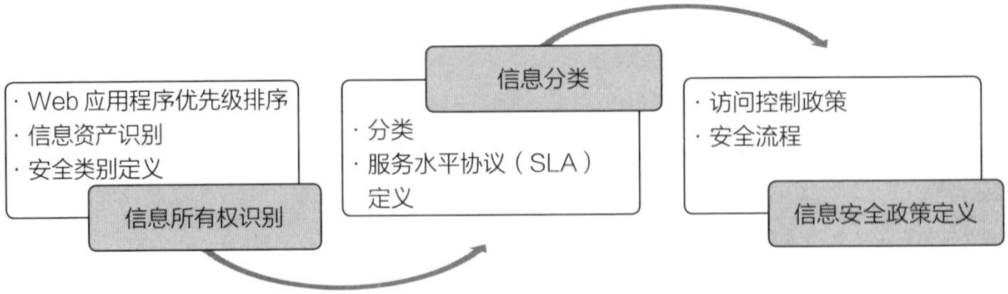

图 7-1　信息安全政策过程

信息所有权识别

第一步是创建企业应用程序的清单，并从安全角度对它们进行优先级排序。对于每个确定的应用程序，识别或创建信息所有者的所有权。信息所有者全权负责创建或识别信息资产（如内容、文档、图像、视频），并根据信息的敏感性对其进行分类。

在此阶段，我们还需要定义各种安全类别。例如，我们可以定义三种安全类别：公开、私有和机密。安全类别根据其影响来确定识别。公开数据的丢失或泄露只会造成轻微影响，而机密数据的泄露或丢失则会导致巨大的财务损失和声誉受损。所有个人数据，如信用评分、出生日期、教育状况等，应归类为“私有”类别。

信息分类

一旦所有信息资产被识别，它们应被归类到预定义的安全类别中。每个信息资产都被分配到其中一个安全类别中。信息所有者负责为信息资产识别最合适的安全类别，并为每个安全类别定义安全服务水平协议。

– 还应为所有资源定义访问控制列表。在默认情况下，用户只能获得最低权限来使用任何资源。

信息安全政策定义

对于每个安全类别，应定义各种属性，如访问级别、分发和存储策略等。表 7–1 是定义安全策略的示例表。

表 7–1　安全策略示例表

安全关注点	公开	私有	机密
访问控制	· 对所有人开放 · 访客和用户访问	· 限制（基于登录和权限） · 维护数据的技术、物理和行政安全防护 · 不应在约定的目的之外使用数据 · 自动完成表单字段应为私密数据禁用	· 严格按需知情原则 · 多重身份验证和双因素认证提供额外的身份验证层 · 信息应进行分区处理 · 需要签署保密协议 · 显示机密信息时应进行遮蔽 · 保密通知应显示在所有网页、报告和使用数据的屏幕上

续表

安全关注点	公开	私有	机密
存储	· 存储在普通存储中	· 存储在访问受限的存储中 · 确保持续可用性 · 数据不能被缓存 · 数据不能作为 URL 参数或通过 HTTP GET 请求或作为隐藏字段传输	· 存储在加密方式中 · 必须存储在不可逆的一次性哈希方法中 · 存储在特定位置和地理区域 · 确保持续可用性 · 数据不可缓存
共享	· 可按原样共享	· 需要从信息所有者处获得存储权限 · 传输级别安全 · 共享时进行加密 · 不允许批量共享	· 不共享
销毁		· 应安全销毁	· 应安全销毁
审计与日志	· 不需要	· 所有访问事件应被记录	· 所有访问事件应被记录 · 应定期进行第三方审计
归档与保存	· 必须遵守法律法规	· 需要从信息所有者处获得许可，并且必须遵守法律法规	· 需要从信息所有者处获得许可，并且必须遵守法律法规
可用性		· 应具备高可用性	· 应具备高可用性
完整性（防止信息修改）	· 最少或没有完整性检查	· 在数据传输过程中应进行完整性检查 · 在传输和身份验证过程中，使用由可信证书颁发机构创建的证书 · 应对数据强制执行校验码	· 在数据传输过程中应进行完整性检查 · 在传输和身份验证过程中，使用由可信证书颁发机构（CA）创建的证书 · 应对数据强制执行校验
保密性（防止数据丢失和数据盗窃）	· 不需要	· 应严格保护 · 应遵守所有安全和隐私法律及规定 · 默认应强制执行加密	· 应严格保护 · 应遵守所有安全和隐私法律及规定 · 默认应强制执行加密
事件响应		· 在数据丢失或泄露时通知受影响的用户 · 所有安全事件应在 24 小时内修复	· 在数据丢失或泄露时通知受影响的用户 · 所有安全事件应在 2 小时内修复

保护私有数据

为了全面保护用户的私有数据：

- 识别所有用户的私有数据。这包括个人可识别信息、用户偏好等。
- 定义存储、分发、访问监控和销毁私有数据的策略。
- 在与外部或第三方服务共享私有数据时，需获得用户的批准。
- 定义应对私有数据泄露或盗窃相关事件的处理流程。流程应明确数据泄露事件中的角色和职责。
- 在存储或传输私有数据时进行加密。
- 如果私有信息存储在物理记录中，应将其保存在上锁的柜子里，并尽早销毁。

信息安全最佳实践

本节讨论与安全相关的最佳实践。

隐私最佳实践

隐私信息包括诸如电子邮件 ID、电话号码等个人可识别信息。隐私信息应仅通过安全传输层（如 HTTPS）传输，并且在显示时应进行遮蔽。隐私信息不应缓存，也不应与外部服务共享。不要在会话 Cookie 中存储任何隐私信息。

身份验证和授权

身份验证和授权应在组织内集中控制。对于与外部第三方的集成，我们应使用联合安全机制（如 SAML）。为应用程序层的身份验证和集成创建单独的服务账户。应定义一个涵盖密码复杂性、密码过期、密码存储、账户锁定等各方面的强大密码策略。不应允许同一用户 ID 同时登录。使用平台提供的安全插件和过滤器。实施“职责分离”原则，即资源操作由不同实体执行。例如，应用程序用户不能是相同应用程序的管理员。

身份验证后，所有资源应根据其角色和权限提供访问权。

审计和日志记录

信息生命周期事件如创建、更新和删除都应记录在日志中。所有敏感的安全事务如身份验证失败、管理员角色更新和密码更新都应被记录。审计日志条目应包括时间戳、用户名和事件详情。日志文件中不应包含私有或机密信息。确保日志文件仅被授权人员访问，且日志文件内容不可被更改。

聘请外部安全专家审计应用程序。

文件管理

应用程序应仅允许白名单中的文件扩展名。禁止上传可执行文件扩展名如 .exe、.sh。用户上传的文件不应自动执行，文件权限应严格控制。上传的文件应验证文件类型和大小，并扫描是否有恶意软件或其他漏洞。

错误处理

所有与安全相关的错误都应被处理。终端用户不应看到错误的技术细节。对于所有 API 调用和服务调用，均应设置超时值。

安全软件开发生命周期

在软件开发生命周期的每个阶段都应进行安全审查。在架构阶段和设计阶段应考虑安全需求；在构建阶段应进行安全审查和安全测试。根据应用程序和领域需求，应遵循诸如系统管理员、安全审计、网络、安全和支付卡行业标准。使用最新版本的安全开源组件，避免使用已知存在漏洞的开源框架。检查所使用的每个开源组件的公开披露信息。

安全事件管理

定义标准操作程序以应对安全事件。安全监控基础设施应能够立即识别安全事件，安全事件管理流程应报告和处理安全漏洞。安全监控基础设施应报告可疑交易。根据事件的严重性，建立处理安全事件的流程和职责划分。

数据库级安全

为应用程序创建特定的非管理员数据库用户。限制应用程序用户访问非应用程序模式和其他数据库包。不要以明文形式存储数据库用户详细信息，而应加密保存，或在应用服务器级别定义数据源。仅允许数据库管理员用户执行数据库对象的创建和修改操作。应用程序用户应被限制进行创建、读取、更新和删除操作。

与外部系统共享数据

当应用程序与外部系统和服务共享数据时，应严格基于商定的合同并遵守法律法规。共享私有数据需要信息所有者的同意。在信息交换过程中，各方应商定传输方式和信息丢失责任。在信息交换过程中，应维护数据的机密性、完整性和可用性。

安全意识和培训

组织的所有利益相关者应了解安全流程和政策。为了实现这一目标，组织应为所有员工进行强制性安全意识培训，使他们了解安全最佳实践。除了培训计划外，处理安全信息的员工应进行强制性安全认证。

安全测试

作为应用程序验证的一部分，安全测试团队应验证所有关键业务流程和交易的安全场景。至少，安全测试过程应确保以下事项：

- 测试常见的安全场景，如会话管理、输入验证、权限问题、身份验证、信息披露、密码策略、头部验证、Cookie 验证等。
- 验证 OWASP 前十漏洞。
- 测试端到端业务交易以发现任何缺陷漏洞。
- 验证所有服务器的安全配置（如目录浏览）。

- 测试安全错误处理场景。
- 进行自动化安全测试以测试暴力破解攻击。
- 编制并向所有利益相关者报告漏洞及建议的补救措施。
- 手动安全测试应查找逻辑中的安全问题并进行白盒测试。

云测试

大多数现代数字平台都基于云端或具备云功能。因此，组织应仔细审查云服务提供商提供的安全标准和安全控制措施（如云安全联盟和云控制矩阵）。安全团队应审查所有控制措施，如网络访问控制、资源权限控制、监控控制、加密和密钥管理控制等，以确保它们满足安全要求。以下是选择云服务提供商时可以检查的控制示例列表：

- 加密控制和标准。
- 网络安全支持。
- 防恶意软件支持。
- 基于角色的资源访问支持。
- 日志和远程监控。
- 安全管理员控制。

› 本章总结

- 信息安全定义了保护静态数据和传输中数据的策略。
- 信息安全的关键原则包括信息安全策略、数据访问策略定义、纵深防御、分区化、默认最小权限和集中访问。
- 纵深防御可以通过使用基础设施级别的安全措施来实现（防火墙和代理、服务器硬件级别的保护、监控基础设施、备份作业和同步任务、灾难恢复和业务连续性计划）。
- 创建信息安全策略的过程包括信息所有权识别、信息分类和信息安全策略定义。

第 8 章 DXP 的质量属性和规模评估

非功能性需求，也称为质量属性，决定了 DXP 的稳健性和长期成功。诸如可用性、可靠性、可扩展性、有效性和性能等质量属性帮助我们定义、跟踪和衡量数字平台的成功指标。符合这些质量属性的服务级别协议能够提高用户满意度，从而确保项目的长期成功。本章探讨了数字解决方案所需的各种质量属性。

基础设施规模评估是为了应对数字应用的用户流量和交易需求。我们还探讨了基础设施尺寸和 DXP 灾难恢复策略所涉及的各种因素。由于云已经成为数字应用的事实标准，我们将探讨数字应用的云部署方式。

DXP 的关键质量属性

DXP 的关键质量属性在以下列表中进行了说明。每个质量属性都有自己的一套指标和服务级别协议，以定量衡量质量属性。

- **可扩展性：** DXP 在不影响整体性能的情况下，能够应对增加的用户流量、数据和交易量的能力。
- **有效性：** DXP 在特定时间段（通常为 1 年）内可用并正常运行的总体时间百分比。
- **性能：** 性能涵盖各种响应相关的指标，如响应时间、系统性能、系统吞吐量等。
- **模块化：** DXP 提供和支持独立且可重复使用、即插即用型组件的能力。
- **可扩展性：** DXP 支持扩展以提供未来额外功能的能力。

- **安全性：** DXP保护、管理和保障敏感信息和数据的能力。

其他与DXP相关的质量属性如下：

- **可用性：** 最终用户使用DXP或学习基于DXP的应用程序的难易程度。
- **可访问性：** DXP为残障人士访问Web应用程序提供的支持。
- **可配置性：** DXP允许配置驱动更改的能力。
- **稳定性：** DXP在高峰负载期间正常运行的程度。
- **互操作性：** DXP与其他系统和服务协同工作的能力。
- **效率：** DXP以最少资源（CPU、内存等）执行功能的能力。
- **灵活性：** DXP在各种场景中以最少修改重复使用的能力。
- **可维护性：** DXP增强、维护、修复和改进的难易程度。

在接下来的部分中，我们将详细介绍每个质量属性。

质量属性深度分析

我们将描述通常用于数字体验平台的各种非功能性需求。

易用性需求

易用性定义了终端用户使用网络应用程序和访问所需信息的“使用便利性”。以下是核心易用性需求：

- 用户界面应支持用户使用的各种语言。终端用户应能够切换语言并提供语言偏好。
- 关键功能应提供上下文帮助，指导用户如何使用该功能。
- 系统应实施如《Web内容可访问性指南》2.0 AA级别的可访问性标准，以使系统对更广泛的受众可用。
- 在出现故障时，系统应提供友好的、描述性错误信息，并指出明确的下一步操作以纠正错误。
- 信息应分为信息性消息、错误消息、警告消息和确认消息等类别。

- 网站应提供一致的用户导航（菜单、面包屑导航）并提供统一且一致的页面布局。
- 系统应提供强大的在线帮助，提供上下文帮助和上下文提示。
- 网站应提供操作指南、使用指南、常见问题解答、产品文档以及教程和手册。

安全需求

安全细节详见第 6 章和第 7 章。以下是一些显著的安全需求：

- 确保所有私有网络资源得到充分保护。
- 系统应提供强密码策略：包括强密码、密码更改频率、账户锁定策略等。
- 与账户相关的操作，如个人资料更新、密码更改和注册，应提供强身份验证机制（如重新验证、多因素身份验证、逐步提升身份验证、自适应身份验证等）。
- 默认管理员密码不应在任何层使用。
- “忘记密码”功能应发送一个限时的密码重置链接，而不是以明文发送密码。
- 会话应在显式注销或指定的非活动期后失效。会话 ID 应足够随机，应用程序不应允许多个同时会话。
- 经过身份验证的会话应使用 HttpOnly Cookie（客户端脚本无法访问的 Cookie），并应使用“Secure”属性和严格的传输安全响应头，指示浏览器仅通过 HTTPS 访问资源。
- 所有直接对象引用，即直接操作内部对象或数据块的句柄，应得到保护。经过身份验证的用户应仅访问授权的数据和对象。
- 从不受信任的来源获取的文件名或文件夹名在使用前应进行规范化（转换为正确的文件名或文件夹路径）。

可靠性需求

可靠性确保系统始终如一地执行指定功能并从故障中恢复。以下是关键的可靠性要求：

- 系统应始终提供与预期一致的行为表现。
- 如果任何后端系统或服务失败，数字应用程序不会失败。应用程序应能够从故障中优雅地恢复。
- 系统应能够处理导致状态不一致的操作重新启动。例如，系统将防止在第一次结账操作完成之前双击“结账”功能。
- 系统处理意外和错误场景，如长时间运行的事务、失败的事务、网络错误、后端系统的中断等。在这些情况下，系统应记录问题、优雅地回滚，并显示友好的错误信息。
- 基础设施应设计为具有容错能力。

可扩展性需求

可扩展性确保应用程序在较大的工作负载下能够以可接受的性能良好扩展。主要的可扩展性要求如下：

- 对于本地部署，应用程序应部署为多节点集群。
- 系统应能够处理增加的用户负载和数据负载，并能够处理未来的数据增长。
- 系统应支持水平和垂直扩展。
- 如果任何集群节点（如 Web 服务器节点、应用服务器节点或数据库服务器节点）宕机，系统应能够负载均衡并无缝切换所有流量到其他节点，以提供预期的响应。
- 即使在高峰流量期间，系统也应在可接受的时间内提供响应。

可用性需求

可用性是指系统的正常运行时间。最大可用性对于确保最终用户的高质量服务是必要的。

- 系统应提供最大和持续的可用性。为了提供 99.999% 的首选可用性，系统的停机时间应每年不超过 5.26 分钟。
- 即使在高峰流量期间，系统的可用性也不应受到影响。
- 即使某个后端系统或服务宕机，也应确保系统的可用性。
- 数据、代码和内容应定期同步到灾难恢复站点，以处理意外灾难并确保业务连续性。
- 在意外灾难情况下，灾难恢复站点应在恢复时间目标内启动和运行。
- 恢复时间目标（在灾难期间站点应激活的最长时间）应基于可用性 SLA 进行设计。为了提供 99.999% 的可用性，我们应有一个活动的灾难恢复站点，可以在主站点停机后立即接管。
- 恢复点目标（可容忍的数据丢失的最长时间）应基于可用性 SLA 进行设计。为了提供 99.999% 的可用性，我们应有一个活动的灾难恢复站点，进行实时数据同步。
- 在升级和补丁过程中，系统应保持可用。

存档和保留需求

由于法律义务或业务需要，内容和数据需要在指定时间段内存档和保留。主要的存档和保留要求如下：

- 系统应存档和保留所有数据和内容，以遵守法律法规。
- 系统应将数据存储在单独的存储介质中。
- 系统应能够存档数据并保留指定的时间段。
- 存档系统应提供数据冗余，以防止数据丢失并提供高可用性。

日志记录和审计需求

日志记录对于理解和调试系统操作是必要的。审计对于记录安全事件（如登录、登录失败、登录尝试、密码更改等）是必要的。

主要的日志和审计要求如下：

- 系统应记录应用程序事件（以适当的类别标记，如信息、调试或错误）和安全事件。
- 日志条目应包括时间戳、事件来源、错误详情（如有）、源 IP 地址和用户 ID，以帮助管理员使用信息。
- 如登录失败、登录尝试、权限提升、账户注册、工作流审批等安全事件，应记录相应的用户 ID。
- 日志中不应记录敏感信息，如私人信息和会话 ID。
- 应为日志文件定义适当的授权和访问控制。
- 所有敏感操作，如创建用户、删除账户或更新账户，应持久存储在审计表中。审计表应存储事务 ID、用户 ID、时间戳、旧值、新值和操作类型（创建、更新、删除）。

性能需求

系统的性能通过响应时间、页面加载时间等指标来衡量。以下是主要的性能要求。我们将在第 9 章详细讨论 DXP 的性能。

- 在正常负载下，网页的响应时间应在所有地域和访问渠道内不超过 2 秒。为满足所有地域的严格 SLA，我们可能需要使用内容分发网络和以地理位置为中心应用程序。
- 如果系统在任何事务中超过 5 秒，则系统应向最终用户显示信息性消息或图形化图标。
- 即使在高峰流量和最大并发事务期间，系统也应在接受的 SLA 内响应。
- Web 服务器和应用服务器的吞吐量应能够支持最大事务和页面浏览量。

> DXP 的基础设施规模评估

一个适当规模的基础设施是实现平台最佳可扩展性和可用性的最基本要

素。本节讨论了 DXP 基础设施规模评估的关键因素。

注意：以下规模计算是针对本地部署的。

表格 8-1 提供了用于 DXP 规模评估的关键因素。

表 8-1　DXP 的规模评估指标

类别	规模评估度量标准
负载数量	应用程序用户的总数
	匿名 / 访客用户的最大数量
	最大并发用户数
	每小时最大交易量
	每年负载数量的增长率
会话数量	每个用户的平均会话时间
	每个用户会话中的最大对象数
	每个会话对象的平均大小
内容数量	最大的网页内容量
	是否需要单独的创作和发布实例
	内容数量的年增长率
可用性数量	应用程序的正常运行时间要求
	灾难恢复要求
	可用性 SLA
性能数量	平均页面响应时间
	性能 SLA
吞吐量数量	每个人的平均页面浏览量
	平均页面大小
	每天的最大访问者数量

以下是一些高级别的示例计算。

计算服务器所需的正确随机存取存储器（RAM）大小和 CPU 核心数的示例如下：

- 应用程序所需的最大 RAM 内存（以 KB 为单位）=（最大并发用户会话数 × 平均会话大小）/ 1024。

- 所需的最大 CPU 核心数 =（每秒最大网页请求数）/（每秒单个核心服务的平均页面数）+（每秒用户请求的最大资源数）/（每秒单个核心服务的平均资源数）。
- 每天所需的最小带宽 = 每人每天的平均页面浏览量 × 平均页面大小（以 MB 为单位）× 每天的最大访问者数量。

DXP 解决方案的云托管

现代数字平台可以作为云原生应用程序提供或提供云部署选项。云原生应用程序和云支持的应用程序帮助组织优化成本，提高业务敏捷性，减少部署时间，并提供高可用性和安全的服务。云技术使得快速原型设计和更快的创新成为可能。在本节中，我们将讨论云部署 DXP 解决方案所需的主要因素。

分层架构

在实现分层架构时，需要配置以下基本组件：

- **防火墙：**此组件用于过滤流量并防止任何网络相关的安全威胁。
- **负载均衡器：**用于将请求均匀分配到所有可用系统。
- **安全提供商：**配置安全组件以提供身份验证服务。
- **Web 服务器：**缓存并提供静态内容，如图像、视频和其他二进制内容。
- **应用服务器：**企业应用程序托管在应用服务器上。
- **文件存储服务器：**用于存储文件和内容。
- **数据库服务器：**应用程序数据将保存在数据库服务器中。

根据应用程序需求，我们还需要配置电子邮件服务器、内容管理服务器、身份验证服务器和文档管理系统。

我们需要使用负载需求和流量需求来确定每个层的适当基础设施大小。为了提高可用性，我们需要使用多节点集群拓扑。

以下是我们需要考虑的其他云部署因素：

- **可用性：** 大多数云服务提供商提供高可用性部署模型。这包括多区域可用性、容错能力和灾难恢复选项。
- **可扩展性：** 自动扩展是云模型的核心优势之一。我们需要检查云服务提供商为应用程序提供的可扩展性，并规划云部署。

云部署注意事项

如果我们计划将本地部署的应用程序迁移到云端，我们需要评估云部署的适用性和可行性。以下是我们可以考虑的云部署评估参数列表。

平台共存

通常，企业应用程序需要与内部或遗留系统集成。当我们将企业应用程序迁移到云端时，需要评估这些集成的选项。以下是我们需要评估的一些因素：

- 将企业应用程序及其所有依赖项一起迁移到云端。如果有严格的数据和安全性要求，请评估从云连接到本地安全系统或使用私有云的选项。
- 使用虚拟私有云与内部或本地应用程序集成。
- 利用云服务提供商提供的适配器将企业应用程序集成到本地应用程序。

安全性

如第 6 章和第 7 章所述，安全性涵盖了多个类别。从云部署的角度来看，基础设施安全和数据隐私是关键问题。我们需要仔细评估云服务供应商提供的基础设施级别安全能力，包括防火墙、分层安全措施以及针对拒绝服务或分布式拒绝服务的安全策略。我们还应检查数据存储位置的监管要求和合规要求，以及云服务供应商提供的相关选项。

集成设计

大多数现代数字应用程序使用面向服务的设计进行集成。数字平台应设计为使用基于 REST 的服务进行所有集成。这种方式更容易扩展，且能够与所有外部和第三方应用程序集成。当我们以无头模式部署 CMS 或其他系统时，RESTful 集成模型可以轻松适应这种无头集成模型。

云部署模型

图 8-1 展示了在亚马逊云上部署 DXP 应用程序的典型云部署模型。

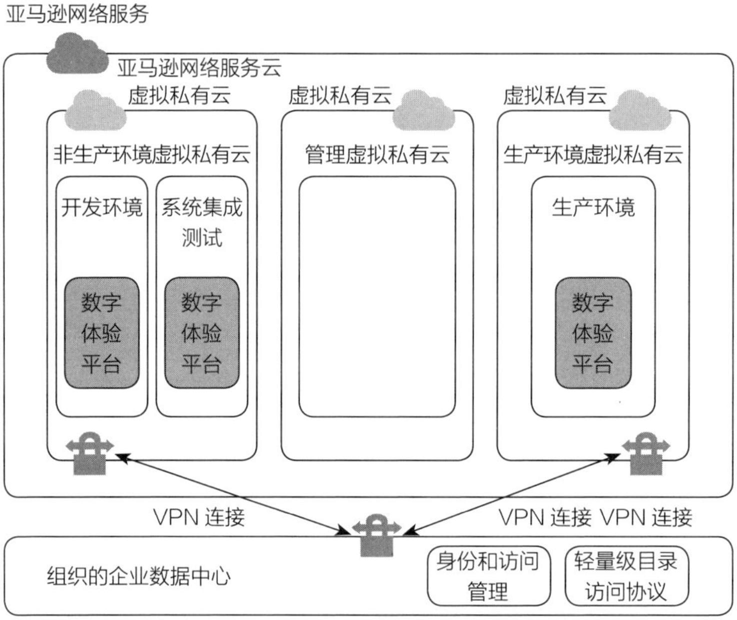

图 8-1　DXP 云部署模型示例

如图 8-1 所示，DXP 应用程序的云部署模型的主要亮点如下：

- 环境将托管在亚马逊网络服务的特定区域。

  有三个环境：生产环境、系统集成测试环境（SIT）和开发环境；这些环境分别托管在两个独立的虚拟私有云（VPC）中，分别称为生产 VPC 和非生产 VPC。
- 一个单独的管理 VPC 将为 Prod 和 Non-Prod VPC 提供服务。在图 8-1 中，“生产 VPC” 运行 DXP 的生产实例，“非生产 VPC” 运行 DXP 的开发和 SIT 实例。
- 每个 VPC 被分为多个层，通过创建独立的子网实现分层。

- 与本地托管的后端服务（如 LDAP 和 IAM）的连接通过 IP Sec VPN 实现安全通信。将设置两个 VPN：一个用于生产 VPC，另一个用于非生产 VPC。
- 客户和最终端用户将通过安全套接字层（SSL）访问 DXP 应用程序。
- 建议生产环境使用多可用区配置，以实现区域级故障保护，并在几秒内自动故障切换。
- 所有非生产工作负载将作为独立实例部署，生产工作负载将以高可用模式部署。

注意我们以 Amazon 云为例来描述云部署模型。然而，我们可以根据要求使用任何云服务提供商。

DXP 应用程序的灾难恢复和业务连续性

灾难恢复指在自然灾害等意外事件期间确保高可用性。一个健全的灾难恢复策略对于确保业务连续性至关重要。本节详细说明了 DXP 应用程序的灾难恢复过程。

图 8-2 给出了灾难恢复策略的高级步骤。

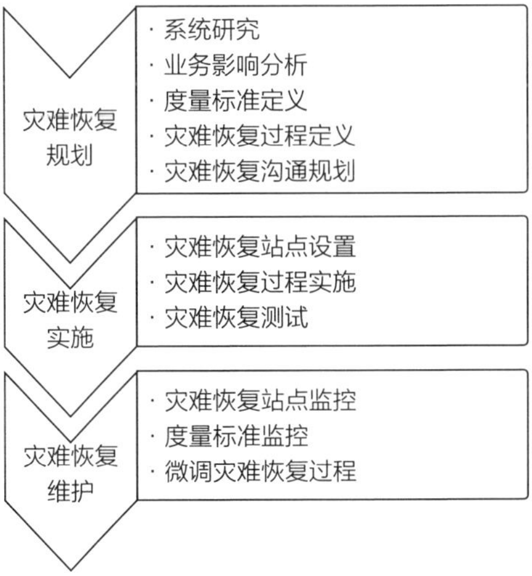

图 8-2　灾难恢复（DR）策略示例

灾难恢复策略包括三个主要步骤，如图 8-2 所示：灾难恢复规划、灾难恢复实施和灾难恢复维护。

灾难恢复规划

灾难恢复规划涉及识别所有灾难恢复数据和灾难恢复过程，以实施健全的灾难恢复策略。我们通过利益相关者访谈和问卷调查研究现有系统，以了解需要频繁同步的代码、内容和数据。在系统调研期间，识别系统依赖性，了解系统和网络架构，并研究历史停机事件。我们应进行关键业务流程的业务影响分析（Business Impact Analysis），有助于我们将每一个关键业务流程映射到组件和灾难恢复过程。此外，它还帮助我们定义相应灾难恢复过程的恢复时间目标。我们还应审查现有的应急政策和数据备份流程。在这一阶段，我们还将确定站点的恢复点目标和恢复时间目标等指标以及定义灾难恢复活动和流程。表 8-2 给出了灾难恢复活动的示例列表。

表 8-2　灾难恢复活动示例

灾难恢复活动	过程	备注
灾难恢复站点设置	站点设置过程	将灾难恢复站点创建为主站点的镜像副本，作为一次性设置过程
代码备份	代码备份过程	代码每天同步，同步频率根据恢复点目标调整
数据备份	数据备份过程	数据每天同步，同步频率根据恢复点目标调整
内容备份	网络内容备份过程	内容每天同步，同步频率根据恢复点目标调整
灾难恢复站点切换	站点切换过程	紧急响应过程详细说明了从主站点切换到灾难恢复站点的步骤

基础设施架构师定义治理模型并详细说明所需的基础设施相关流程。大多数同步过程将配置为计划的批处理作业。基础设施架构师与所有利益相关者一起审查指标、活动和流程，并获得他们的确认。作为灾难恢复流程定义的一部分，基础设施架构师还将定义内外部利益相关者的沟通流程。一旦灾难恢复流程和活动确定下来，基础设施架构师就会定义实施计划灾难恢复活

动的时间表。

灾难恢复实施

在实施阶段，根据时间表和优先级分配资源给每个计划活动。

主要活动是在远程数据中心建立灾难恢复站点，并设置所有同步作业。灾难恢复站点的基础设施配置应与主站点完全一致。灾难恢复过程负责人设置并配置所有备份和同步作业，作为设置活动的一部分。接下来，我们将准备详细的灾难恢复测试策略，以测试所有灾难恢复过程和同步作业。随后，我们将执行灾难恢复过程的试运行，并测量恢复时间目标和恢复点目标以确保灾难恢复过程及其频率设计合理。主要有三种类型的灾难恢复选项，如表 8–3 所列。

表 8–3　主要灾难恢复选项

灾难恢复选项	设置和同步详情	典型的恢复点目标和恢复时间目标
冷备份选项	灾难恢复站点已准备和设置好，但数据和内容没有主动同步。在灾难发生时，数据和内容将从备份中恢复	恢复点目标 = 24 小时 恢复时间目标 = 72 小时
温备份选项	灾难恢复站点与主站点的数据在定期间隔内同步。在灾难发生时，温备份选项接管	恢复点目标（RPO）= 4 小时（每 4 小时同步一次） 恢复时间目标（RTO）= 1 小时
热备份选项	灾难恢复站点与主站点的数据几乎实时同步。在灾难发生时，热备份接管	恢复点目标（RPO）= 1 小时（每小时同步 次） 恢复时间目标（RTO）= 30 分钟

可以根据恢复点目标和恢复时间目标需求选择灾难恢复选项。**热备份**用于高可用性要求非常高且对恢复点目标和恢复时间目标有严格要求的关键任务应用程序。**冷备份**选项可用于可以容忍数据丢失或低可用性的应用程序。

灾难恢复维护

灾难恢复过程会被持续监控，其成功或失败报告将通知所有利益相关者。根据业务目标的变化，灾难恢复过程会进行优化调整。灾难恢复过程和计划会定期审查和更新。所有灾难恢复团队都接受紧急操作程序的培训。

灾难恢复策略文档

以下是灾难恢复策略文档的结构，涵盖了与灾难恢复过程相关的所有问题和主题。

范围和目标

本节主要定义灾难恢复需求，涵盖以下要素：

- 灾难恢复计划的范围。
- 灾难恢复目标。
- 假设条件。

现有系统分析

在本节中，我们将了解现有的数据、流程和系统架构，以制定灾难恢复过程和架构。

- 系统架构研究。
- 指标定义：恢复点目标和恢复时间目标。
- 业务流程研究和优先级排序。
- 关键灾难场景。

灾难恢复计划

灾难恢复计划的主要活动如下：

- 灾难恢复角色和职责。
- 灾难恢复过程。
    - 同步过程
    - 通信流程
    - 事件响应流程
    - 站点切换流程
    - 各种灾难场景的恢复流程
- 监控活动。
    - 主站点监控

- 灾难恢复站点监控
- 指标监控和通知

本章总结

- 数字应用程序的关键质量属性包括可扩展性、可用性、性能、模块化、可扩展性和安全性。
- 其他质量属性包括可用性、可配置性、稳定性、互操作性、效率、灵活性和可维护性。
- 可用性涉及对各种语言、上下文帮助、可访问性、友好的错误消息、常见问题解答的支持。
- 安全性涵盖与身份验证、授权、密码策略等相关的各个方面。
- 可靠性要求应用程序能够始终如一地表现出预期功能。
- 如果应用程序能够应对增加的用户负载和事务负载，则满足可扩展性要求。
- 可用性要求应用程序持续正常运行和可用。
- 性能要求涵盖应用程序响应时间、处理时间、事务完成时间等。
- 基础设施规模评估包括负载数量、会话数量、内容数量、可用性数量、性能数量和吞吐量数量等各个因素。
- 健全的策略包括灾难恢复规划、灾难恢复实施和灾难恢复维护。
- 灾难恢复规划包括系统研究、业务影响分析、指标定义、灾难恢复过程定义和灾难恢复通信规划。
- 灾难恢复实施包括灾难恢复站点设置、灾难恢复过程实施和灾难恢复测试。
- 灾难恢复维护包括灾难恢复站点监控、指标监控和灾难恢复过程优化调整。

第 9 章
DXP 性能优化

性能是影响用户满意度的主要因素。以用户为中心的 DXP 旨在在所有接触点提供最佳性能。性能还直接影响用户流量、用户留存率、在线收入和转化率。一些网页搜索引擎还使用页面性能作为网页排名的指标，从而进一步提升网站流量。

本章探讨了 DXP 性能优化的各个方面以及实现性能优化的各种方法。

› DXP 展示层性能优化

在许多情况下，性能优化往往是在项目的后期阶段才被提上日程，此时团队会在性能测试中发现性能延迟问题。然而，在项目的末期阶段排查和解决性能问题不仅成本高昂，还会对项目时间表产生影响。因此，性能优化应采用迭代的方式，在项目的早期阶段就识别并解决性能问题。

用户体验

对于 DXP 来说，最终用户体验至关重要。随着网页变得越来越互动化，页面大小及其相关的性能开销也随之增加。提升用户体验的关键在于优化所有用户接触点的性能。

网页性能优化场景

大多数用户旅程都是从网页开始的，因此网页需要具备最佳性能。表 9–1 列出了网页优化的经验法则和性能最佳实践。

表 9-1　网页性能优化的经验法则

性能优化经验法则	目标	技术
减少 HTTP 请求	· 浏览器需要时间来建立连接并下载组件。减少 HTTP 请求可以减少连接和下载时间	· 将 JavaScript/CSS 文件合并为一个主文件。 · 使用 CSS Sprite。 · 删除重复的 HTTP 请求
图片优化	· 图片渲染占据了大部分页面加载时间。 · 提供优化版本的图片可以显著减少页面加载时间并减小整体页面大小	· 压缩图片以减小文件大小。 · 使用优化的图片格式，例如 PNG 或 WebP。 · 按需逐步加载图片。 · 指定精确的图片尺寸
优化资源加载		· 异步加载资源。 · 使用响应式图片，适配所有设备和浏览器。 · 推迟加载 JavaScript
缓存	· 缓存常用数据可以提升性能	· 为静态资源（如图片、JavaScript 和 CSS 文件）设置缓存控制头。 · 缓存 AJAX 响应以加速渲染
性能优化经验法则	目标	技术
通过边缘位置（最近的地理位置）进行内容交付	· 对于静态内容，利用全球分布的边缘位置（最近的地理位置）以最小的延迟提供内容。 · 从最优的地理位置交付内容	· 使用内容分发网络，如 Akamai。 · 使用基于云的交付方式来分发静态内容
压缩和减小展示组件的大小	· 压缩可以减少整体请求大小和页面大小。 · 压缩后，基于文本的组件（如 JavaScript 文件和 CSS 文件）的大小会显著减小	· 在 Web 服务器层启用 gzip 压缩，并设置适当的 HTTP 头以便浏览器解压缩。 · 通过删除不必要的和冗余的数据、样式表和插件来缩小 JavaScript 文件
优化 JavaScript 和样式表的位置	· 适当放置样式表和 JavaScript 文件可以改善页面加载的感知时间，并防止浏览器被阻塞	· 将 CSS 文件放置在顶部，将 JavaScript 文件放置在底部。 · 从 CDN 和云位置交付 JavaScript 文件
其他性能优化的经验法则		· 避免服务器重定向。 · 使用定制的 JS 框架构建，仅包含所需的模块 / 组件。 · 删除重复的 HTTP 调用。 · 修复所有 404 错误，避免 301 重定向。 · 使用 HTTP/2，这是最新版本的 HTTP 协议。 · 使用多个域名来托管和交付静态内容

续表

性能优化经验法则	目标	技术
移动网页性能		· 移动网页应用可以将 JavaScript/CSS 文件保存在设备的本地存储中，用于后续请求。这将优化延迟，充分利用移动平台的离线存储功能。 · 对于第二次加载页面，仅加载更新或修改的脚本，而不是重新加载所有资源

› DXP 性能测试

我们需要定期测试网页的性能。性能测试工具可以识别与性能相关的问题并提供推荐的行动计划。

性能测试活动

图 9-1 描述了基于敏捷迭代交付模式的关键性能测试值。

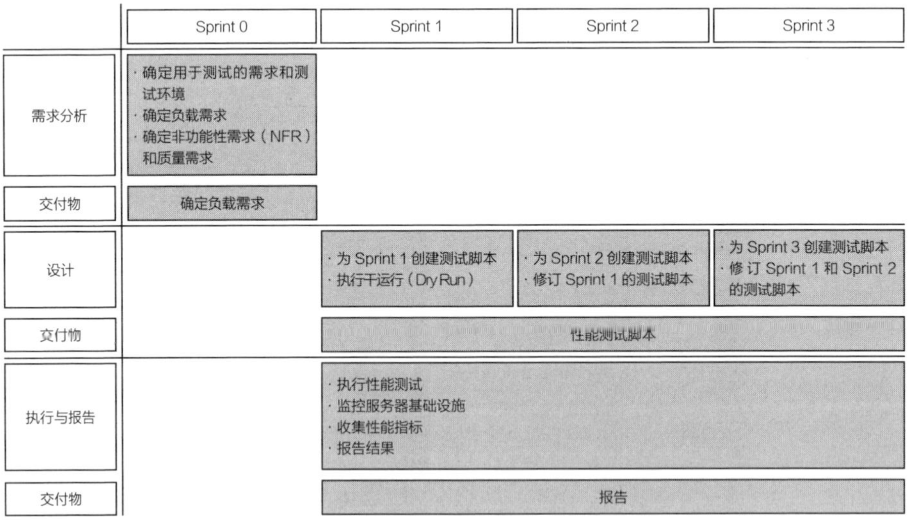

图 9–1　基于敏捷迭代交付模式的关键性能测试值

我们将性能测试的分类详细阐述如下：

需求分析

在需求分析阶段，我们会识别与性能测试相关的详细需求。这些需求通过利益相关者访谈和需求文档获取。需求分析在 Sprint 0 阶段完成，以便测试计划可以在后续的迭代中使用。第 2 章更详细地介绍了需求分析。

此阶段的主要目标包括：

- 确定性能测试的需求 / 期望。
- 确定所有页面响应时间、事务完成时间等性能服务水平协议。
- 确定并最终确定最大并发用户数、平均会话时间、最大内容大小等负载参数。
- 定义性能测试执行的方法。

此阶段的关键活动包括：

- 访谈利益相关者并收集性能测试需求 / 期望。其他需求收集方法包括现有系统分析和需求文档研究。
- 理解与性能相关的风险、约束和假设。
- 理解每次迭代的性能测试范围。
- 理解应用程序的使用模式、流量模式、内容量等。
- 根据业务关键性优先排序测试需求。
- 理解数据设置需求和数据质量需求。
- 为迭代制订高层次的性能测试计划。
- 根据需求分析和利益相关者访谈制订测试计划。
- 审查测试计划以验证性能 SLAs 和性能期望。

设计

在此阶段，我们根据 Sprint 0 中准备的测试计划设计并开发性能测试脚本。性能测试脚本可以分为客户端性能测试脚本和服务器端性能测试脚本。

在此阶段性能测试的主要目标是创建测试脚本以提供覆盖范围，并执行性能测试脚本。

此阶段的关键活动如下：

- 设置测试环境并准备测试数据。

- 根据测试计划创建性能测试脚本。
- 建立一个连续且迭代的测试环境。
- 设置测试报告和通知的基础设施。
- 设置在基础设施资源级别上需要监控的参数。

性能测试执行与报告

在此阶段，我们执行性能测试脚本并报告测试结果。此阶段的主要目标是验证所有测试场景以提供一个稳定的构建版本。

此阶段的关键活动如下：

- 根据需要优化测试脚本和测试数据。
- 执行已确定的性能测试类型，例如负载测试、压力测试、耐久性测试等。
- 确保在不同测试点生成所需的工作负载。
- 执行性能测试以覆盖各种场景：
  - 针对单个事务的不同工作负载的隔离测试。
  - 有助于测试每个事务的性能行为。
  - 针对不同工作负载的混合负载测试。
  - 通过为事务组合添加各种负载来测试。
  - 逐步增加用户负载的 Ramp-up 测试。
  - 在增量步骤中逐步增加负载和测试持续时间，监控服务器资源和响应时间。例如，我们可以每次测试增加 10 个用户的负载。
  - 针对单个事务（例如结账功能或购物车功能）。
  - 针对混合事务（例如结账和购物车功能的组合）。

表 9-2 显示了记录 Ramp-Up 测试的示例表格。

表 9-2　Ramp-Up 测试示例表格

工作负载	持续时间	CPU 利用率	内存利用率	吞吐量	页面响应时间
10	10				
20	20				
30	30				

续表

工作负载	持续时间	CPU 利用率	内存利用率	吞吐量	页面响应时间
40	40				
50	50				

我们可以针对每个关键事务执行 Ramp-Up 测试，以了解系统在每个负载下的行为。我们还可以针对事务组合（包括多个事务的组合）执行 Ramp-Up 测试。

监控并捕获服务器资源和基础设施的性能统计数据，包括：

- **通用参数：**
  - CPU 利用率：总利用率、空闲时间。
  - 内存利用率：已提交字节数、可用字节数等。
  - 页面性能：页面响应时间、感知响应时间、首字节时间。
  - 物理磁盘：读取、写入和延迟。
  - 吞吐量。
  - 在代码中使用计时器进行方法 / 代码级别的计时。
- **服务器端参数：**连接池参数、线程池参数等。
- **网络监控。**
- **性能分析、代码覆盖率和内存调试器。**
- **收集并报告测试结果**
  - 响应时间与用户数量。
  - 吞吐量与用户数量。
  - 每秒事务数。
  - 每秒点击数。
  - 用户数量与时间。
  - 错误数。
  - CPU 利用率与用户数量 / 时间。
  - 内存利用率与用户数量 / 时间。

· 达到的吞吐量。

我们可以记录不同负载下的响应时间，结果如表 9-3 所示。

表 9-3 事务的 Ramp-Up 测试

工作负载	事务	响应时间
		最短时间
		平均时间
		最长时间
		90% 响应时间
100 用户	用户登录	

关键性能指标

网页组件的主要性能指标如下：

- **首字节时间（TTFB）：**服务器向浏览器发送第一个响应所需的时间。TTFB 是衡量服务器响应能力的重要指标。较小的 TTFB 对于优化页面响应时间至关重要。
- **页面大小：**网页的整体大小，包括 HTML 和静态资源（图片、视频、脚本、样式表、字体等）。过大的页面大小会延迟页面加载时间，因此建议减小页面的整体大小。
- **页面响应时间或页面加载时间：**网页在用户代理 / 浏览器中加载所需的总时间。通常用户期望 HTTP 页面在 1 秒内加载完成，而 HTTPS 页面则期望在 5 秒内加载完成。
- **可视区域加载时间：**指渲染页面中用户可见区域（即"首屏"）组件所需的时间。
- **感知响应时间：**用户感知到的页面加载时间。我们应尽量减少感知加载时间，以改善用户体验。

> 性能测试框架

性能测试框架的各个组成部分如图 9–2 所示。

识别关键事务	记录工作负载模型	定性评估	定量分析（迭代）	预测
· 识别业务关键事务 · 识别性能关键事务 · 识别重要的用例	· 开发工作负载模型 · 分析非功能性需求 · 分析服务水平协议	· 架构审查与观察，选定部分用例的设计和代码审查 · 提出建议 / 最佳实践 · 审查性能测试计划	· 执行性能测试 · 收集并分析结果 · 与 SLAs 进行对比 · 识别问题（软件和硬件） · 提出解决方案 · 团队解决问题	· 使用不同的工作负载分析结果 · 预测生产环境下的性能

图 9–2　性能测试框架的关键要素

识别关键事务

在此阶段，我们识别业务关键事务。本阶段的关键活动包括：

- 理解架构和设计。
- 审查现有系统和基础设施元素。
- 理解非功能性需求和服务水平协议。
- 了解当前系统中的性能痛点。
- 确定应用程序的业务关键事务。
- 确定性能关键事务并收集工作负载模型所需的数据。
- 选择关键用例以进行面向设计和性能的代码审查。

记录工作负载模型

在此阶段，我们为应用程序建模工作负载。通过持续监控和日志文件分析，我们识别以下内容：

- 用户负载（例如最大用户数、并发用户数、峰值用户流量、平均用户思考时间、登录用户与匿名用户）。

- 内容负载（例如最大内容量、内容增长率）。
- 页面访问模式（例如经常访问的页面、常见的导航路径）。
- 会话值（例如平均会话时间、会话大小）。

我们记录所有关键的非功能性需求（例如可用性、性能、可扩展性）以及与之相关的服务水平协议。

工作负载值将用于性能测试脚本和负载测试。

定性评估

在定性评估阶段，性能工程师分析现有系统（例如基础设施、服务器配置、代码等），并基于最佳实践提供建议，以解决任何已识别的性能问题。在此阶段，性能工程师还会审查性能测试计划。

定量评估

在此阶段，执行性能测试脚本，性能工程团队监控系统行为以及以下服务器基础设施组件：

1. 资源级别

- 利用率（CPU、磁盘、内存、网络）。
- 吞吐量。
- 响应时间。
- 用户负载。

2.Web 服务器

- 最大线程数。
- 保持活动连接。

3. 应用服务器

- 执行线程。
- 对象池。
- 执行队列长度。

- 实体 Bean 池。
- JDBC 连接池。
- 垃圾回收。
- Servlet 的响应时间。

4. 数据库服务器

- 缓存命中率。
- 重做日志、前 5 个 SQL 语句。
- 索引。
- 缓冲区等待时间。

性能测试结果将与指定的 SLAs 进行比较。在性能测试中识别的所有问题都将得到解决。

预测

将针对各种工作负载进行性能测试，并使用测试结果预测生产环境中的性能。

> 性能调试框架

当我们在 DXP 应用程序中遇到性能问题时，需要排查性能问题的根本原因。通常，调试性能问题是一个复杂的过程，因为它涉及网页请求处理管道中的所有层和组件。

本节将讨论一个性能调试框架，该框架提供了经过验证的系统化步骤，用于排查性能问题。

性能调试过程的主要步骤如下：

步骤 1：识别性能问题的根本原因组件 / 系统。

步骤 2：修复并优化引发性能问题的组件。

步骤 3：进行负载测试、峰值测试和压力测试，以确保第 2 步的修复能够在所有场景下正常工作。

以下是对每个步骤的详细说明：

识别根本原因

需要检查每一层的性能，以了解引发性能问题的组件。这通常是该过程最复杂的一步。我们需要为网页请求处理管道的每一层及其相关组件设计测试方法。此外，还需要对应用程序进行运行时分析以及日志分析，以深入了解引发问题的元素。

识别性能问题根本原因的方法如下：

- 识别网页请求处理管道中每一层的耗时。从展示层（Java 服务器页面 / 活动服务器页面）到数据库层，记录超过 10 次迭代的平均执行时间。至少需要以下执行时间的数据：
  - **整体网页的平均加载时间。**
  - **页面组件的平均加载时间：**包括 JavaScript、CSS、图片、页眉页脚、小部件、视频等；记录页面加载时间、感知加载时间、资源加载时间、页面大小和其他关键性能指标。
  - **每个网页的服务器调用的平均时间：**通过识别首字节时间来了解服务器响应时间。
  - **在不同负载下记录性能指标，**以获取平均数值。

服务器端组件的平均时间：

- 一旦我们获取了所有网页的 TTFB 数据，就可以确定耗时的服务器组件。
- 识别服务器组件后，需要对组件进行剖析，以进一步排查问题。
- 计算执行组件中涉及的各种计算、服务调用和数据库调用所需的时间。
- 增加负载并重新测试场景，以获取平均执行时间。

数据库层 / 服务层的平均时间：

- 如果通过服务器端组件的剖析发现性能问题出现在数据库层或服务层，需确定引发问题的查询或服务调用。

- 执行耗时查询，并确定查询所需的性能优化（使用执行计划以及其他数据库相关优化方法，如索引、查询缓存等）。
- 针对服务调用进行性能优化（例如使用服务器端缓存、优化大小、微调服务器配置等）。
- 增加负载并重新测试场景，以获取平均时间。

记录业务流程和事务的各步骤耗时：

- 针对关键业务流程和耗时事务，记录每个步骤的耗时。
- 在增加负载后重复此步骤。

组件剖析：

- **展示层剖析：**
  - 除了逐层性能指标外，使用开发工具对网页进行剖析。
  - 网页剖析提供有用的指标，例如分类的资源大小、分类的资源加载时间等。
- 分析服务器端组件的内存消耗，包括：
  - 业务组件性能分析。
  - API 和调用跟踪分析。
  - 数据库调用性能分析。
  - 企业集成性能分析。
- 分析数据库查询的执行计划：
  - 审查数据模型是否被正确使用。
  - 探索使用查找表和快照表的可能性，以便为频繁访问的查询或静态值准备 / 缓存数据。

日志分析：

- 分析日志，查看是否存在异常、错误、等待、死锁或其他明显的性能问题。尝试从日志或表中获取执行时间数据（例如请求接收时间、响应发送时间、响应大小等）。数据库管理员可以分析数据库端的日志。

服务器配置分析：

- 服务器管理员需要检查服务器的所有配置，确保设置 / 配置根据推荐的最佳实践进行了优化。这些设置包括但不限于：连接池设置、Java 虚拟机设置、线程设置、日志配置、缓存设置、堆设置、会话设置，以及产品供应商推荐的任何应用服务器特定设置。

- 数据库管理员需要分析数据库服务器设置，确保所有参数均已正确配置。

基础设施 / 容量分析：

- 基础设施专家需要验证现有基础设施规模（CPU、内存、磁盘大小、存储、网络带宽、缓存服务器、CDN 等），以确保能够支持性能 SLAs、内容负载和流量需求。
- 网络专家需要分析网络流量，以了解其使用情况。

Ramp-Up 测试：

- 对于所有性能测试，从 50 个用户开始，以 30 分钟为一轮逐步增加用户负载，然后增加到 100 个用户、150 个用户，以此类推，根据流量需求增加。
- 这种长时间的逐步增加负载的测试可以揭示性能问题、内存泄漏和临界点。

优化组件 / 系统 / 层

在第一步中，我们已经识别了性能问题的根本原因组件。一旦确定了引发问题的组件，下一步就是对其进行优化。以下是性能优化的一般指南：

优化数据库：

- 使用物化视图存储热门查询的数据库查询结果。
- 使用数据库提示。
- 优化查询，避免笛卡尔连接（即将一个表的每一行与另一个表的每一行进行连接）。
- 检查应用程序查询是否已创建并使用索引。
- 计算关键表的 DBA 统计信息。
- 检查查询的执行计划，根据执行计划优化查询。

- 在可能的情况下，使用聚合函数或存储过程处理数据库中的繁重操作。
- 检查是否有“全表扫描”（查询会扫描表的每一行）发生，而不是使用索引扫描（查询会基于索引列返回结果）。

优化服务器：

- 关闭日志记录。
- 在数据库中执行计算操作。
- 在可能的情况下，使用连接池（即通过一个受管池重用现有连接）。

常见性能问题模式

本节讨论在 DXP 应用程序中观察到的常见性能问题及其根本原因。

以下是我们过去遇到的一些常见性能问题：

性能问题：应用程序不可扩展。

随着负载增加的一些表现：

- 响应时间急剧增加。
- 出现排队现象。
- 随着用户负载的增加，性能逐渐下降。
- 某些层的 CPU 利用率保持恒定。

常见原因：

- 缺乏缓存框架，用于缓存常用对象。
- 存在单点故障。
- 缺乏针对 Web 服务器、应用服务器和数据库服务器的集群设置。集群设置涉及多个节点 / 机器来提供响应，确保故障切换和高可用性。
- 业务对象调优不当。如果业务对象未针对性能进行优化，会对整个应用程序的性能产生连锁反应。
- 基础设施尺寸（如 CPU 核心数、内存、网络带宽等）设置不当。
- 连接池设置不当，例如最大连接数、最小连接数、连接空闲超时时间等。

建议：

- 通过仅在会话中存储绝对必要的对象，最小化会话大小。
- 配置基础设施以处理最大用户负载。
- 对所有服务器使用多节点集群拓扑结构，消除单点故障。多节点拓扑结构涉及在一个设置中使用多个节点来处理用户请求。
- 使用缓存框架或缓存服务器（专用服务器用于缓存常用对象）缓存常用数据和查找数据。
- 配置应用服务器参数以处理最大用户负载。针对基于 Java 的应用服务器，以下是常见参数：
- 垃圾收集指标。
- 调优参数：
  - Xms, Xmx
  - NewSize, MaxNewSize
  - PermGen, MaxPermGen

性能问题：不适当的部署架构导致单点故障。

一些常见表现：

- 在生产和预生产环境中，多个应用程序部署在同一服务器上。性能测试显示这种设置不可扩展。
- 在正常负载测试期间，CPU 利用率图表显示了峰值。这归因于某个不可扩展的应用程序问题。
- 应用程序、管理功能和搜索模块共享同一服务器。这导致搜索和管理功能的性能问题。

常见原因：

- 由于某个应用程序不可扩展（随着用户负载增加性能下降），其他应用程序在这种设置下无法支持预期的流量。

建议：

- 将不可扩展的应用程序迁移到单独的服务器。在单独的服务器上，该应用程序能够支持预期的流量。或者，将该应用程序转变为使用微服务架构，并独立扩展微服务。

- 对不可扩展的应用程序进行剖析，以识别问题的根本原因。
- 将应用程序、管理模块和搜索模块部署在单独的、可独立扩展的服务器和容器中。

性能案例研究

本节回顾了一个基于 DXP 应用程序的性能优化案例研究。

应用程序上下文和背景

该 DXP 应用程序是为一家制造企业构建的。它为供应商、管理员和分销商提供了网页界面。

在用户验收测试期间，团队注意到供应商和分销商的登录页面存在性能问题。这些登录页面提供了查看供应商和分销商的付款、处理和交易详情的功能。

这些登录页面大量使用数据库查询以获取匹配结果。在各种支持的浏览器上，这些页面加载时间超过了 120 秒。

性能分析

性能工程师应用了之前讨论过的性能调试框架。他们对表现不佳的页面进行了端到端分析，审查了网页请求处理管道中涉及的所有层和组件。

关键业务页面的主要性能问题如图 9-3 所示。

初次登录性能：

首次登录性能非常糟糕，导致登录场景下的用户体验很差。虽然页面在预生产环境中的性能表现良好，但在生产环境中的表现却很糟糕。

服务器端性能问题：

由于涉及复杂的轻量目录访问协议（LDAP）查询，业务模块（如工作台模块和公告模块）表现不佳。此外，面向对象关系映射层为复杂的数据库查询增加了性能开销。

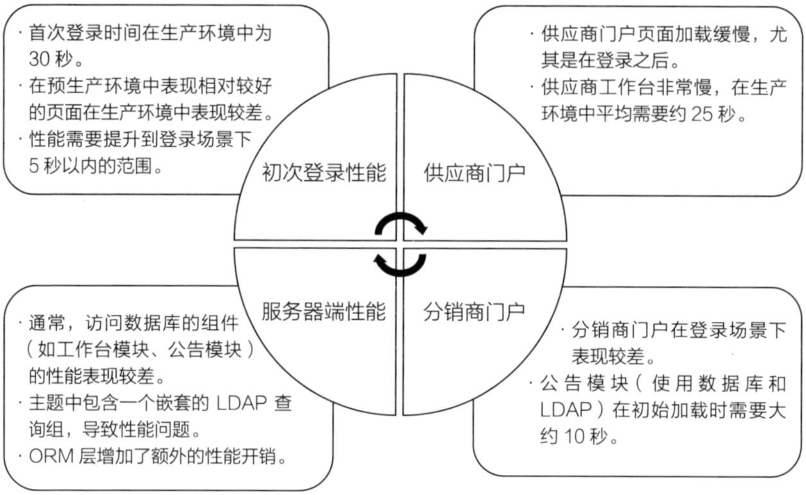

图 9-3　所示关键性能问题的详细说明

供应商门户和分销商门户：

对供应商门户和分销商门户进行了分析，以了解页面响应时间、资源大小、资源加载时间及其他关键性能指标。

对服务器端组件进行了剖析，以了解流程中涉及的所有调用的性能。

以下是组件性能分析和剖析的主要发现：

- 在展示层，供应商登录页面和分销商登录页面的页面大小均超过 2 MB，导致较高的延迟。这些登录页面每个加载了超过 20 个 JavaScript 文件和 6 个 CSS 文件，并包含 5 张图片。
- 初次登录流程非常缓慢，原因是涉及多次 LDAP 和数据库调用。
- 在服务器端，ORM 层执行了复杂的表连接操作，进一步降低了整体性能。

除此之外，还发现了以下具体问题：

- 基于数据库的模块对数据库执行了查询所有记录的操作（SELECT* 调用），这在“待处理请求”和“供应商档案”两个选项卡中都会执行。

对页面性能的影响如下：

- 虽然页面只显示 20 条记录（两个选项卡各显示 10 条记录），但查询会返回所有记录（可能多达数千条）。

- 增加门户服务器与数据库服务器之间传输的数据量。
- 增加页面的初始加载时间以及 HTML 页面大小。
- 由于这些查询是通过 ORM 工具执行的，它会为每条数据库记录创建 Java 对象，这可能会显著增加内存消耗。

建议和改进

根据性能分析的结果，性能工程师推荐并实施了以下优化建议。经过所有性能优化后，页面加载时间从 120 秒减少到 10 秒。

展示层性能优化

表 9-4 显示了在展示层实施的性能优化。

表 9-4　展示层性能优化

性能改进措施	备注
合并并压缩 CSS 和 JavaScript 文件	· 合并所有页面级 CSS 文件（共 3 个）和 JavaScript 文件（共 18 个）
	JavaScript 文件占据了页面大小的大部分（占总页面大小的 80%）
将所有外部 JavaScript 文件放在页面底部，CSS 文件放在页面顶部	· 这样可以使浏览器加载文档对象模型，不会被 JavaScript 文件阻塞
	· 这也有助于快速加载 CSS 文件
使用 CSS 精灵图和 CDN（如果可行）	· CSS 精灵图可以减少图片请求的数量
	· CDN，如 Akamai 可以提高跨地域的资源响应时间

服务器层性能优化

以下性能优化措施已在服务器端实施：

- 为网页模块实现了分页查询，仅查询 20 条记录，避免加载整个表的数据。
- 查询结果模块实现了分页功能，使用 AJAX 调用按需加载结果。
- 替换了包含数据库事务的嵌套循环（嵌套循环中每次调用都会触发数据库查询，导致大量数据库调用）。通过使用查询批处理功能，避免了频繁的数据库调用。

- 使用了缓存框架以缓存主查找值（如供应商列表、国家列表等）。
- 对 LDAP 对象进行了缓存，避免了多次 LDAP 查询。

数据库层性能优化

以下是数据库层实施的性能优化：

- **为查询过滤条件中涉及的列创建数据库索引。**

表数据按国家分区，因为供应商和分销商数据主要使用国家相关的值。

- **创建非规范化表：**
  - 这种方法将表结构扁平化，包含所有需要的列，避免实时复杂连接。
  - 创建快照表存储复杂表连接的结果，这些表每 5 小时刷新一次，避免了昂贵的实时表连接，从而提高了查询性能。
- **优化所有与数据库相关的配置：**
  - 如检查点日志、查询缓存大小、会话、日志缓冲区、统计信息重新计算等，从性能角度进行调整。
- **创建查找数据库表和物化视图：**
  - 用于存储常用查询的结果，从而减少频繁的数据库查询开销。

> 本章总结

- **展示层性能优化的主要最佳实践：**减少 HTTP 请求、图片优化、优化资源加载、缓存、从边缘位置交付、压缩以及资源的最佳放置。
- **关键性能指标：**首字节时间、页面大小、页面响应时间、可视区域加载时间和感知响应时间。
- **性能测试框架的主要步骤：**关键事务识别、工作负载分析、定性评估、定量评估和预测。
- **性能调试框架的三大步骤：**识别根本原因、优化已识别组件的性能以及通过测试验证。

第10章 将传统银行应用转型为银行体验平台

数字化转型正在改变传统银行的运作方式，并重新定义传统银行与客户互动的方式。银行机构希望利用现代数字技术，在所有渠道上随时随地提供引人入胜的客户体验。

新兴银行是数字原生的，能够提供数字优先的银行体验，而现有的银行正在转型和数字化其业务流程。

本章讨论与银行相关的数字化转型。我们将探讨数字银行的主要趋势以及银行业数字化转型的各个方面。同时，我们提出了构建银行体验平台的关键原则和架构。

本章还讨论了将现有网页平台迁移到数字体验平台的各种方法。尽管我们讨论的是针对银行领域的数字化转型方法，但参考架构同样适用于其他场景。

> 银行体验平台的关键原则

以下是银行体验平台的主要原则：

- **以用户为中心的体验重新设计：**终端用户界面应设计为在所有触点上提供用户旅程的无缝体验。用户界面应根据用户的偏好、需求和期望进行个性化定制。用户界面设计应提供所有活动（如交易、付款和存款）的单一视图。
- **客户洞察收集：**银行界面应与分析软件集成，以收集客户活动的洞察信息。跨渠道分析（跨各种渠道的分析）有助于提供更个性化的体验，并推送有针对性的内容、促销活动和产品 / 服务。

- **优化的商业模式：**现代银行体验平台重新定义了业务流程，以在所有触点提供自动化、无摩擦且无缝的用户体验。
- **利用现代数字技术：**下一代银行体验平台利用 AI 提供自学习能力，遵守法规要求，进行表单处理、搜索、信用评分，并提供会话式界面以提升用户体验。AI 技术可以用于投资组合规划、财富管理、聊天机器人、虚拟助手等。其他适用于银行领域的数字技术包括区块链（复杂的分布式账本）、物联网、大数据、API 和云计算。
- **数字开放生态系统：**现代数字银行利用 API 聚合所有必要的服务（如支付、贷款、社交等），以创建可扩展的银行平台。使用微服务和 API，下一代银行平台能够聚合信息并与合作伙伴系统集成，提供无缝的用户体验。

下一代数字银行的属性

图 10-1 展示了下一代数字银行的核心属性。

图 10-1 下一代数字银行

数字银行的核心属性详细说明如下：

- **支持多个销售渠道：**下一代银行平台应支持多种渠道，例如零售银行、投资银行、财富管理、保险等。此外，用户能够随时随地在任何设备上无缝查看信息并执行交易。
- **自学习和持续改进：**数据体验平台应利用关于客户在所有渠道上行为的 360 度洞察，并使用这些信息个性化用户体验。

应使用 AI 驱动的工具作为财务顾问、预算规划师、比较器、个性化推荐工具等，这些工具利用用户的交易数据以及其他数据（如网页分析数据、客户调查数据、社交数据、客户人口统计数据、CRM 数据）为客户提供相关建议，并在决策中提供帮助。作为持续改进的一部分，下一代银行平台应提供自动化流程，并利用物联网、区块链、云计算以及机器人流程自动化等数字技术，不断改进用户体验、分析能力以及业务流程。以下是利用数字技术实现创新的一些例子：

- 完全数字化和自动化的客户开户及服务启用流程。
- 无纸化表单与电子签名。
- AI 驱动的聊天机器人、财务顾问、财务规划师和虚拟助手，用于客户服务。
- 移动应用程序中的生物特征认证。
- 通过实时协作实现虚拟分支。
- 通过移动应用程序实现无分支的数字银行服务。
- 通过移动界面支持在线个人对个人（P2P）支付、数字支付、非接触式支付和电子钱包功能。

- **支持新集成：**下一代银行平台应具备灵活性，以支持新集成，实现未来的增长和创新。平台的集成模型应围绕轻量级微服务架构构建。轻量级服务模型在创建开放银行生态系统以及与其他平台和服务集成方面起着至关重要的作用。
- **开放平台：**银行平台应公开服务接口，供第三方应用程序和服务使用。开放平台可以被银行合作伙伴使用，例如支付合作伙伴、金融合作伙伴（负责信用卡、保险、共同基金、交易、抵押贷款等）、金融科技公司、商户、数字合作伙伴、贷款合作伙伴、技术合作伙伴、电信公司等。

银行平台还应提供一个市场，以促进协作开发。市场可以托管应用程序、软件开发工具包、解决方案、小部件和集成，这些都可以被合作伙伴生态系统使用。

- **随时随地的移动性：**所有主要的银行功能（如账户仪表板、转账等）都应在所有设备上可用。
- **下一代通信：**下一代平台应利用数字技术（如聊天机器人、虚拟助手、虚拟现实和预测分析）提供及时的提醒、通知和促销活动，并与用户进行协作。此类别的一些创新例子包括：
  · 基于用户行为数据和交易历史的机器人顾问，用于推荐储蓄、投资和投资组合；
  · 用于财富管理的预测工具和自助服务工具。

安全性是需要在所有渠道和交易中实现的关键关注点。启用安全性包括身份验证、基于角色的访问控制、数据加密、多因素身份验证、安全通信，以及遵循诸如支付卡行业等安全标准的合规性。

下一代数字银行的 DXP 特性

图 10–2 展示了可用于构建下一代数字银行的 DXP 平台的核心属性。

DXP 提供了以下功能，可用于构建下一代银行体验平台。图 10–2 中描述的关键 DXP 属性说明如下：

- **企业级集成：**支持服务、轻量级微服务集成模型和基于 API 的集成。银行体验平台可以利用这些功能向外部系统公开服务并消费服务。强大的集成功能支持开放银行生态系统，以增强协作和产品及服务的共同创造。
- **稳健的平台：**DXP 的模块化设计、组件化架构以及可扩展设计是为

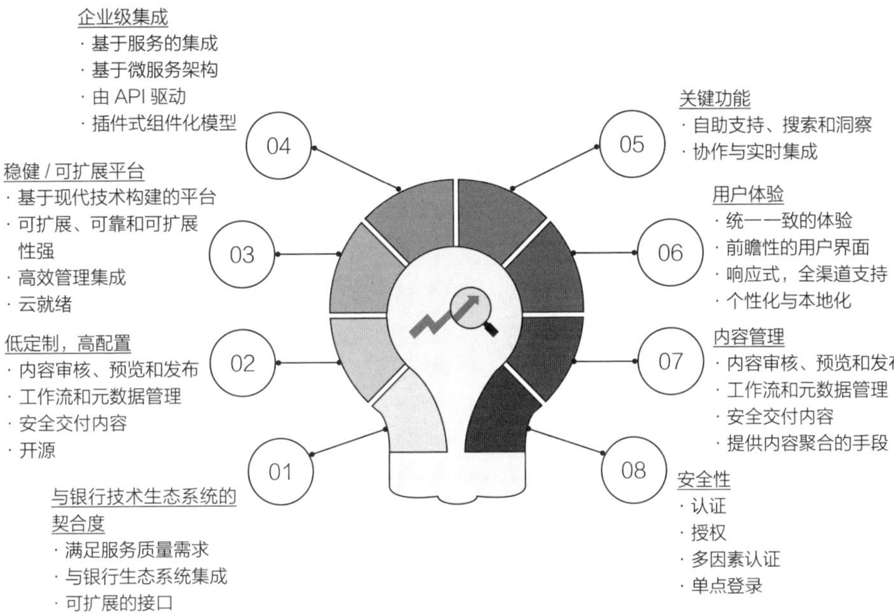

图 10-2　银行业平台的 DXP 属性

银行体验平台提供按需扩展能力的必要条件。云原生和云支持功能可以用于实施银行体验平台的云优先策略。

- **低定制、高配置：**DXP 打包了银行所需的平台功能。银行可以利用内置的 DXP 功能（如工作流、规则引擎、内容管理、个性化和安全性），快速构建和部署银行体验平台。这主要通过平台配置实现，仅需最少的定制化开发。
- **适用于银行生态系统：**DXP 的稳健性和可扩展性可用于满足银行的质量 SLA。我们还可以利用 DXP 支持的集成模型，与银行生态系统集成。此外，DXP 的模块化架构使银行能够在未来轻松扩展并添加新的创新和功能。
- **功能性：**DXP 提供了许多数字平台功能，例如搜索、内容管理、分析、协作等。这些功能可用于快速实现银行体验平台的功能。
- **用户体验：**DXP 提供前瞻性、响应式和吸引人的用户界面。可以利用 DXP 的内置功能构建个性化且支持全渠道的用户体验。

- **内容管理：**DXP 的内置内容管理功能（如内容创作、标签、编辑、存档和发布）可用于为银行客户创建产品内容和活动内容。
- **安全性：**DXP 支持多种安全方法，例如身份验证、授权、单点登录、多因素身份验证，以及联合单点登录，这些功能可用于构建银行体验平台。

数字银行的主要趋势

本节讨论银行业的主要技术趋势和业务趋势。

技术相关趋势

以下是主要的技术趋势：

- **人工智能：**AI 技术可用于多种任务，如基于规则的自动化、提供个性化推荐、学习用户偏好、提供虚拟助手、客户服务等功能。AI 技术在用户互动、成本优化以及业务价值差异化方面具有优势。结合 NLP 方法，AI 技术可以实现强大的语音助手。
- **区块链：**区块链管理分布式账本，将交易顺序存储在分布式网络中，数据不可更改。这使交易管理和追踪更加便捷，可用于资金转账、产权登记、合同登记以及银行间交易，以加快金融交易的执行速度。
- **加密货币：**加密货币是一种数字货币，在少量金融交易中逐渐被采用。然而，由于缺乏集中监管和法律限制，其使用仍然面临挑战。
- **生物识别认证：**未来的身份认证机制将主要依赖于生物识别技术，如指纹识别和人脸识别。
- **API 和微服务：**基于微服务的架构可为银行平台提供所需的可扩展性、高可用性和可靠性。API 是集成生态系统的重要组成部分。
- **游戏化：**游戏化方法（如奖励积分、即时反馈、徽章、等级等）可用于奖励忠实客户，并与客户建立更深层次的关系。游戏化策略还包括激励措施、忠诚度奖励以及定向促销。

- **VR 和 AR：**这些技术为终端用户提供沉浸式体验。在银行业，VR 技术可用于培训、流程演示、终端用户演示以及房屋抵押贷款支持。
- **物联网：**银行可在网点和 ATM 设备中使用传感器和其他设备，以获取客户行为洞察，并据此优化服务。

业务流程相关趋势

以下是银行业的主要业务流程趋势：

- **基于众筹的 P2P 贷款：**允许个人之间借贷的众筹平台。
- **数字优先银行：**主要通过数字渠道提供核心银行功能，并采用全数字化流程的银行。
- **支付银行：**专注于数字支付的数字银行。
- **数字钱包：**用于管理电子货币的系统。
- **社交媒体银行：**通过社交媒体渠道（如 Facebook）和消息应用（如 WhatsApp）进行银行业务。

> 传统银行向数字银行的数字化转型

本节探讨传统银行向现代 DXP 进行数字化转型的各种方案。

数字银行的参考技术架构

图 10-3 展示了数字银行的参考技术架构。

下一代数字银行平台采用模块化和基于服务的架构。前台服务包括精简门户服务、展示层服务、用户体验增强服务、个性化服务和分析服务。中台服务通常包括业务服务模块，如搜索服务、社交与协作服务、工作流与编排服务、营销活动服务、自学习服务和市场推广服务。后台服务包括数据管理服务和内容服务。

前台服务

展示层服务组件提供终端用户界面，并定义整体用户体验。该类别包括

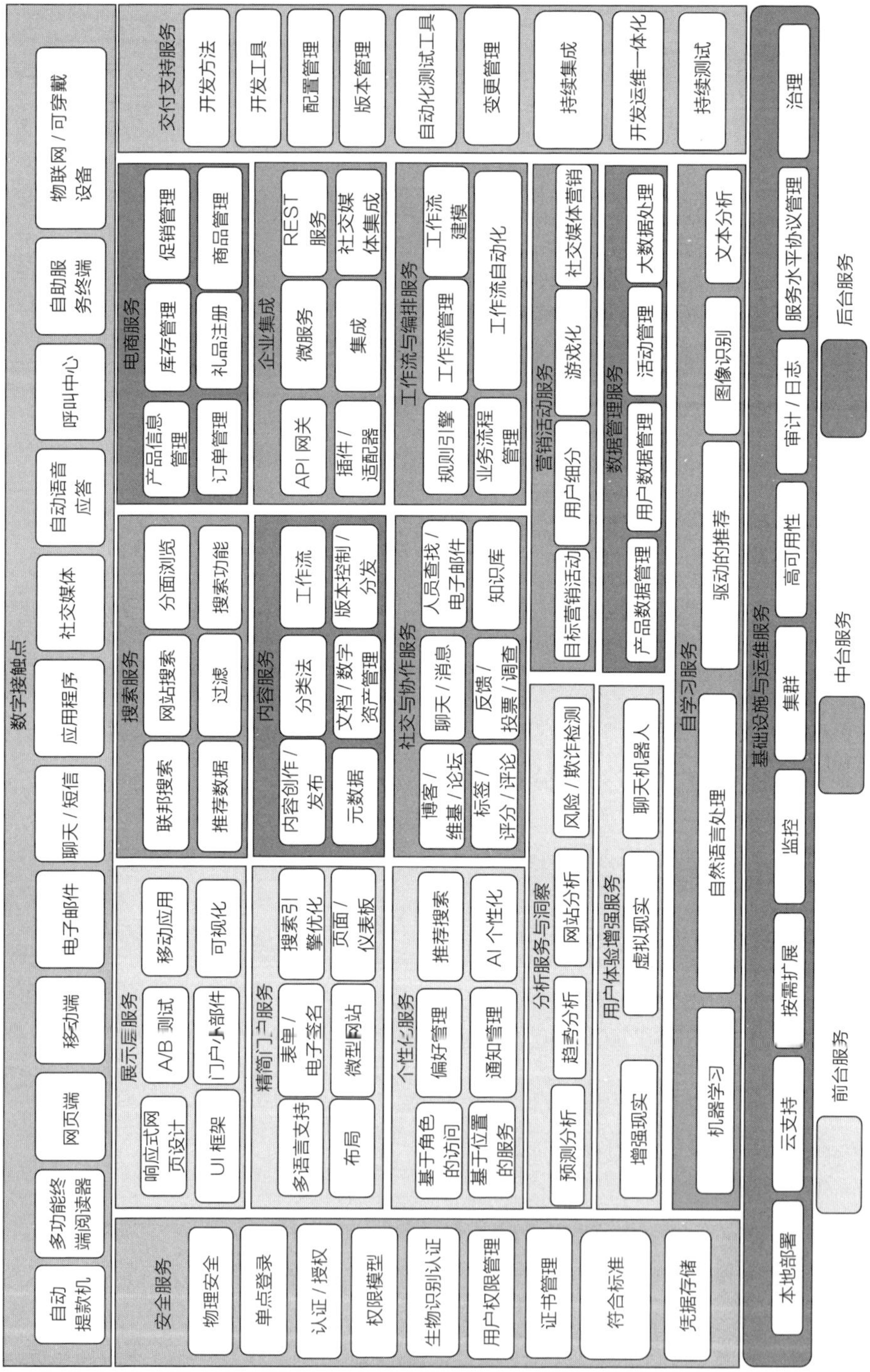

图 10-3 数字银行的参考技术架构

模块化 UI 组件（如小型门户组件和小部件）、模型—视图—控制器 UI 框架（如 Angular、ReactJS）、移动应用程序以及响应式网页设计。展示层服务组件可在所有渠道、设备和用户触点间提供无缝的用户体验。

精简门户服务在为终端用户提供互动和引人入胜的体验方面发挥着关键作用。精简门户服务包括 UI 组件，如表单、仪表板、单页应用（整个应用程序由单个页面组成），以及微型网站，这些组件可为终端用户提供交互式体验。

个性化服务根据用户偏好、行为和上下文（如地理位置）提供符合情境的个性化内容。平台应收集用户行为洞察，并基于这些洞察提供个性化搜索推荐。

分析服务与洞察模块汇总所有触点和渠道的用户行为，以提供集成的洞察数据，这些数据可用于个性化、预测和推荐。主要的分析类别包括：

- **描述性分析：**分析历史数据，以获取洞察信息。
- **预测性分析：**研究趋势和模式，以预测用户行为。
- **规范性分析：**利用预测分析提供下一步行动建议。

基于交易数据的洞察和趋势分析，可用于**欺诈检测**。分析技术的其他应用包括**自动客户分群、欺诈检测、客户行为分析、营销活动分析、情感分析、客户流失预测等。**

用户体验增强服务通过采用尖端数字技术，如 VR、AR 和聊天机器人来支持**培训、教育、支持、推广**等业务功能。此外，还可利用**传感器和物联网设备**进行**实时服务监控与预测**。

中台服务

中台服务主要包括企业集成服务、搜索服务、社交与协作服务、电商服务、自学习服务，以及工作流与编排服务。**集成服务**是平台可扩展性的核心。该服务支持灵活的集成模型，涵盖多种集成方式，如基于微服务的集成、API 集成等。集成模块还支持可插拔适配器框架和**开箱即用**的社交媒体平台、ERP 系统等集成插件。

搜索服务主要包括企业搜索引擎，负责索引企业数据并提供相关的搜索结果。该类别的主要功能包括**站内搜索、内容搜索、高级搜索（如分面搜索、搜索过滤和个性化搜索）。认知搜索**是该领域的一项新兴技术。**认知搜索**采用**机器学习**和**自然语言处理**方法，以理解自然语言查询，并通过处理**结构化和非结构化数据**提供上下文相关的搜索结果。

社交与协作服务提供工具以支持协作与信息共享。该模块包括博客、Wiki、论坛、社区、聊天、即时消息、人员查找、共享日历、反馈、调查/投票、评论与评分小部件等功能。知识管理系统应在企业范围内实现集中化，以确保知识的有效使用。基于集中知识库构建的搜索功能可用于培训、在线学习、故障排除和客户支持。

电商服务提供与数字商务相关的功能，如订单管理、目录管理、产品信息管理、商品管理、礼品登记等。大多数 DXP 都内置电商服务，以便快速开发数字商务平台。

自学习服务通过应用 AI 和机器学习方法训练模型，以执行智能推荐、图像识别、金融顾问、文本分析等任务。AI 技术还可用于聊天机器人和虚拟助手。

工作流与编排服务包括业务流程建模工具、规则引擎和工作流自动化工具，用于建模和优化业务流程。

营销活动与推广服务主要用于销售和市场营销团队。该模块包括客户分群和营销活动全生命周期管理（如营销活动生成、配置、执行和监控）。此外，游戏化可用于提高营销活动的有效性。

社交媒体营销和社交聆听也是该领域的新兴应用。

后台服务

后台服务包括**数据管理服务**，用于集中管理客户数据、营销活动数据和产品数据，并将其存储在系统记录中。随着大数据技术的兴起，企业需要处理**大数据**以深入了解客户行为。

内容服务是体验平台的重要组成部分。该模块包括内容生命周期管理，涵盖内容创建、内容更新、内容删除和内容标记，并通过友好的业务界面进行管理。此外，该模块还包含内容工作流管理、分类法、元数据管理和内容版本管理等功能。

横向服务

DXP 还包括其他横向服务，如**安全服务、基础设施和运维服务**。

安全和身份服务提供身份验证、授权、单点登录、权限模型 / 访问控制、生物识别认证、用户权限管理、证书管理和凭据存储等安全功能，确保体验平台的访问安全，并仅限于授权人员使用。

交付支持采用最佳方法来管理数字化解决方案的实施。现代数字化解决方案使用敏捷方法以快速向市场交付功能。自动化和持续集成工具被用于敏捷交付的发布管理。

基础设施与运维服务负责数字解决方案的部署和运维。该模块的主要功能包括云部署支持、集群管理、高可用性支持、可扩展性支持、SLA 管理方法和基础设施监控等。

数字银行的参考功能视图

图 10–4 展示了数字银行的参考功能架构。我们可以利用图 10–4 所示的技术组件来实现这些功能。

如图 10–4 所示，**数字触点**提供了访问渠道，例如移动端、网页端、POS 终端、电子邮件等，用于访问底层的数字化服务。

可视化模块提供各种图表、报告、小部件和门户组件，供终端用户和管理员使用。可视化模块支持配置，用户可以根据筛选条件和配置值自定义显示的数据。

社交与协作模块提供银行体验平台所需的各种协作功能，例如社区、聊天、论坛、信息流和日历。

管理模块允许管理员管理用户账户、工作流、业务规则、业务流程和用户访问权限。通常，管理模块包含一个管理员仪表板，用于提供所有管理功能的统一视图。

贷款模块提供贷款相关功能，包括众筹、点对点借贷、贷款申请处理、工作流管理等。

投资模块提供投资申请处理、投资建议和投资报告等功能。

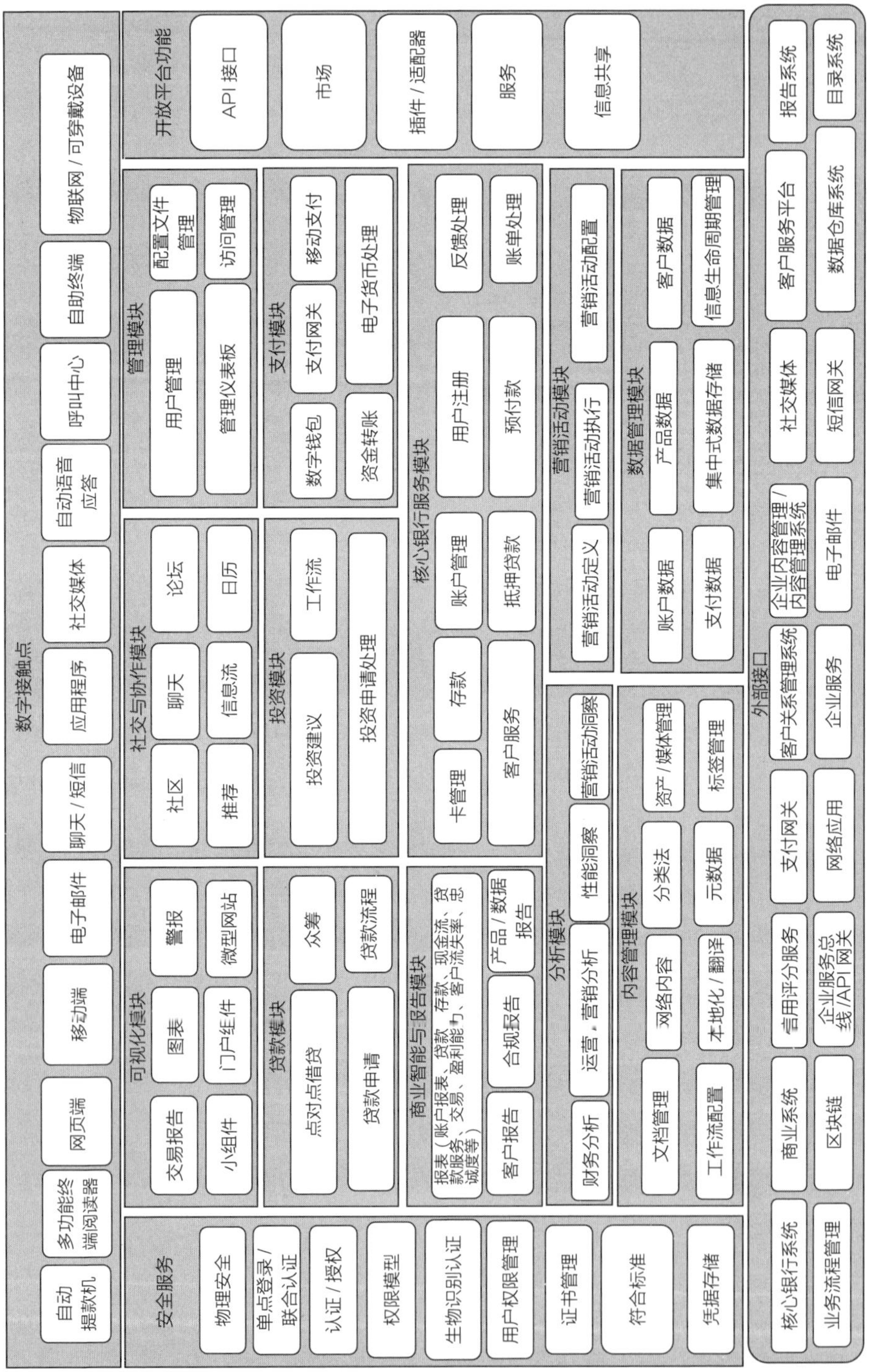

图 10-4 数字银行的参考功能架构

支付模块提供数字钱包、资金转账、移动支付和支付网关集成。

银行服务模块提供核心银行服务，如账户管理（包括活期账户和储蓄账户）、银行卡管理（借记卡和信用卡）、存款管理（定期存款）、用户注册、反馈管理、抵押贷款、人力资源管理、账单管理和客户服务。

商业智能和报告模块负责处理各种银行业务的报表功能，包括报表创建、报表配置、报表生成和报表交付，用于合规管理、客户洞察以及产品/交易分析。

分析模块提供客户行为、交易、运营、营销活动和银行业务绩效的数据洞察。

作为**营销活动模块**的一部分，管理员应能够为特定渠道、事件和产品定义/创建营销活动。营销活动管理员应能够定义触发事件，并基于客户洞察投放营销活动（推荐客户最可能购买的产品）。

营销活动管理员应监控营销活动的响应和效果，并利用这些信息优化营销策略。

内容管理模块提供内容管理与交付功能，包括内容创作、内容编辑、内容标记等。此外，该模块还包含工作流管理、分类管理、元数据管理、内容翻译、文档管理、数字资产管理和媒体管理。

数据管理模块负责集中管理银行业务数据，如账户数据、产品数据、交易数据、客户数据和支付数据，并将其存储在集中存储库中。

通常，银行系统需要与各种系统进行集成，例如 CMS、搜索、信用评分服务、CRM、社交媒体、报表系统、BPM（业务流程管理）、区块链系统、企业 Web 应用、电子邮件、短信网关、目录系统、数据仓库系统等。

安全服务涵盖企业级安全功能，包括物理安全（如周界安全 Perimeter Security）、单点登录、身份验证和授权、生物识别认证、用户权限管理、证书管理、安全标准合规和凭据存储。这些安全服务已在图 10-3 中讨论过。

开放平台功能提供扩展和升级数字应用的能力。这些功能包括开放核心平台服务，如 API，以及托管各类库、应用程序和信息共享模块的市场。

技术转型

图 10–5 展示了从传统 Web 技术向集成 DXP 的技术转型过程。

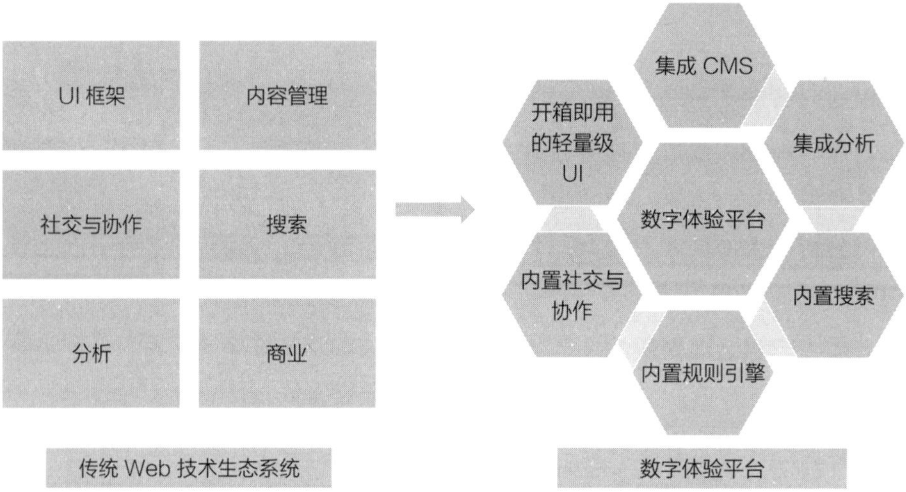

图 10–5 从传统 Web 技术向集成 DXP 的技术转型过程

如图 10–5 所示，传统 Web 技术需要与 CMS、搜索、电子商务、工作流和营销活动管理等多个系统进行集成，以构建所需的功能。然而，DXP 能够以集成方式提供所有必要的功能，为终端用户提供无缝体验，并为企业提供 360 度业务洞察。

图 10–6 详细说明了从传统 Web 技术迁移至 DXP 对用户体验、客户洞察和业务敏捷性的影响。

数字化转型的主要方法

传统银行的数字化转型主要有以下两种方法：

- **对现有银行系统进行数字化：**

适用于**大型传统银行**，这些银行在**传统平台**上已有大量投入。我们将在**现有银行系统之上**启用关键的数字化功能，以帮助银行充分利用现有投资。

- **重新构想银行体验：**

采用自下而上的方式**彻底重构**现有的**访问渠道、用户体验、业务流程和**

传统 Web 技术	集成 DXP
用户体验	
笨重的 UI 组件	轻量级精简
严重依赖服务器	客户端聚合
桌面优先设计	移动优先设计
UI 分散且不一致	统一的仪表板体验
分析与洞察	
缺少或没有跨渠道分析	内置跨渠道分析
个性化功能较少	基于洞察的信息和服务个性化
业务敏捷性	
部署周期较长	部署周期较短
需要集成多个外部工具	内置自动化、自助服务和业务生产力提升
适应变更能力差	灵活响应变更

图 10-6　从传统 Web 技术迁移至 DXP 的影响

服务，打造**数字原生银行体验平台**。这种方法适用于希望**从零开始**，或在**传统银行系统上投资**较少的银行。

对现有银行系统进行数字化

让我们来看一下**该选项的主要数字化驱动因素**，这些因素可以通过**对现有功能的重新设计**来实现：

- **提供全渠道能力：**

银行可以通过**移动应用或移动网页**提供**全渠道**体验，使用户能够从所有渠道访问银行服务。

- **银行业务模型数字化：**

现有的银行业务流程可以通过**现代数字技术**进行数字化。例如，**业务流程管理工具**可以实现业务流程的数字化，使其执行更加快速和可靠。

其他业务流程（如**在线注册、贷款申请、信息共享、客户支持和事件管理**）可以通过**在线表单、工作流管理、协作软件和事件管理系统**等现代数字技术进行数字化。交互系统应当与记录系统完全集成。

- **用户体验的数字化升级：**

通过重新设计用户界面，可以重新构想终端用户体验（主要针对零售银行）。我们可以采用精简架构，提供仪表板体验、个性化、搜索及其他直观的信息发现与导航功能。

- **服务赋能：**

银行可以基于现有 API 或服务构建微服务，以支持用户界面的功能调用。如果现有系统缺乏 API 服务，则需要识别传统功能的逻辑分组，并将其转换为微服务。

- **自动化：**

识别可自动化的重复性任务和冗余步骤。识别人力密集型流程，并探索自动化的可能性。利用机器人流程自动化实现基于规则的任务、数据输入任务和重复性任务的自动化，以缩短流程时间并减少人为错误。

- **双速数字化赋能：**

该模式通过快速创新提供引人入胜的用户体验。其核心在于为快速变化的 UI 提供细粒度微服务，而这些 UI 通过稳定且变化较少的后端 Web 服务进行交互。

- **标准化与集中化：**

在整个银行生态系统内实现标准化流程和技术。去除不必要的、冗余的或重复的流程步骤，并整合流程。通过系统记录实现集中化的流程管理和数据管理。通过集中化消除信息孤岛和流程孤岛。

图 10–7 展示了银行业务流程数字化的各个阶段。

图 10–7 所示的各个阶段如下：

数字化机会评估阶段

在此阶段，我们需要对**现有系统和业务流程进行全面的现状分析**。在**现状系统分析**过程中，我们将重点关注以下内容：

- 分析现有技术生态系统、标准和技术。
- 梳理现有功能模块清单。
- 分析当前业务流程。

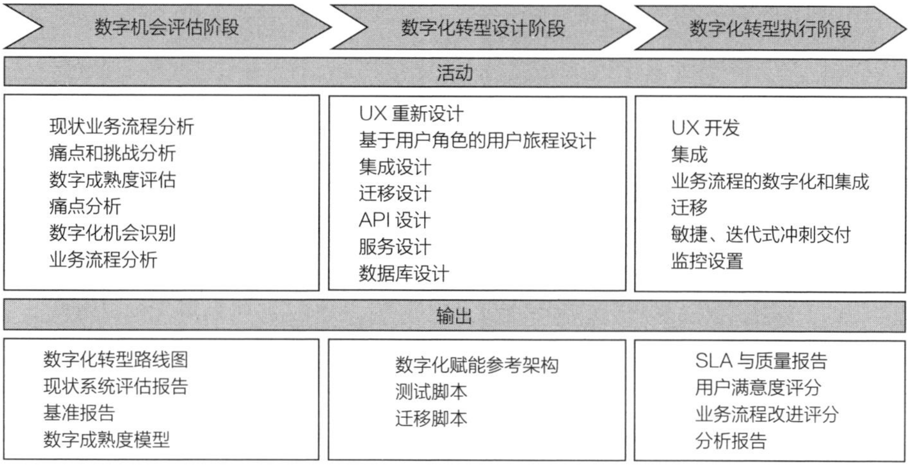

图 10–7　银行业务流程数字化的各个阶段

在此过程中，我们需要识别**当前存在的痛点和挑战**。我们需要**访谈关键利益相关者和终端用户**，深入了解这些痛点。**典型的痛点和挑战**包括：

- 用户界面不兼容移动设备。
- 关键银行交易存在高页面响应时间和性能问题。
- 核心业务流程处理时间过长，例如用户注册、账户激活、资金转账等。
- 新功能上线面临挑战。
- 大量人工操作用于重复性任务，例如信用评分检查、申请表完整性检查等。
- 新版本或增量发布的部署时间较长。

作为数字化成熟度评估的一部分，我们需要评估当前的系统、流程和企业文化。数字化成熟度评估的结果可用于根据企业的当前成熟度水平制定数字化路线图。

表 10–1 列出了数字化成熟度评估过程中需要考察的关键要点。企业可以利用表 10–1 所列的内容来提升数字化成熟度，达到行业领先水平。

作为**数字化成熟度评估**的一部分，我们还需要**识别数字化机遇**。

数字化机遇会根据**业务影响**和**终端用户影响**进行分类和优先级排序。

表 10-1　数字成熟度评估中的关键点

类别	初级数字成熟度	中级数字成熟度	高级数字成熟度
组织文化	缺乏或几乎没有创新文化	组织对协作和创新的支持有限	以客户为中心的产品和服务，组织持续通过反馈改进客户互动体验
	很少使用协作工具和社交渠道	客户数据集中管理	通过游戏化应用和协作激励机制提升生产力
	缺乏协作激励机制		鼓励员工尝试新工具和技术，以改善客户互动
	风险规避，抗拒变革		组织与合作伙伴、终端用户和业务利益相关者共同创造产品和服务，并利用数据管理工具确保集中数据的质量。组织不断创新，以满足客户的期望和需求
	数据管理割裂，各自为政		
	业务流程和软件未以客户为中心		
业务流程	现有流程依赖大量人工和人力密集型任务	业务流程实现部分自动化	新流程均为数字原生
	各部门和渠道的流程相互割裂		现有流程经过改造或重新设计，以适配现代数字系统
	业务流程不够友好，用户体验差		所有重复性、基础性工作均通过数字技术完全自动化
	业务流程没有进行持续评估		业务流程高度集成（如营销管理、客户服务、销售等），覆盖所有渠道和部门
	缺乏流程监控和治理工具		业务流程以用户为中心
	缺乏端到端自动化处理能力		所有业务流程均持续评估、监测和治理，并根据反馈进行优化
			具备端到端自动化处理能力
			采用精益敏捷流程，提高产品上市速度

续表

类别	初级数字成熟度	中级数字成熟度	高级数字成熟度
领导力	数字战略尚未定义		明确且全面支持的数字战略，并配备追踪指标和 KPI。主要 KPI 包括客户终身价值、重复交易率、客户满意度指数、客户互动度评分、客户钱包份额、员工互动度评分和增长率
	领导层尚未完全理解数字技术的潜力及其数字价值主张		数字价值主张已充分定义，并与数字技术及整体数字战略紧密结合
	对数字化项目的支持和赞助力度较低		大量采用数据驱动决策，并借助数字技术进行优化
			具有清晰的策略，以支持构建、购买或协作开发所需能力
治理	监控和治理流程缺失或极少	部分定义了数字战略，仅适用于特定的计划和部门	明确的角色和职责分工，以执行数字战略
	角色和职责未明确定义，无法有效实施数字战略		变更管理和业务连续性流程已充分定义
	变更管理、业务连续性流程尚未定义		配备监测基础设施，以评估数字战略的有效性
	业务流程文档化程度较低		所有政策和流程均在集中式知识库中完整记录，可用于自学和培训
		仅针对特定项目定义了治理流程	
		治理流程和政策的文档记录有限	
用户互动	用户的需求和期望未被充分理解	适度支持个性化和用户偏好管理	数字渠道完全聚焦于基于用户需求和期望的个性化体验
	自助服务功能缺失或极少		组织能够主动预测客户需求，并利用新兴数字技术提供无缝用户体验
			在所有渠道（包括社交媒体）上主动与用户互动
			提供跨渠道无缝衔接的流程
			数字渠道支持自助服务和决策工具
			通过跨渠道分析了解客户行为，并用于个性化和预测

续表

类别	初级数字成熟度	中级数字成熟度	高级数字成熟度
协作与社交媒体互动	缺乏社交营销	部分集成社交渠道	完全集成社交分析，并支持社交营销
	协作较少或完全缺失	部分使用协作工具，如聊天、论坛、群组、社区等	跨销售和营销渠道的全面协作
			内部所有部门协同合作，以符合数字愿景
			建立开放式银行生态系统，为合作伙伴提供协作和集成的平台
IT 对齐度	IT 团队未能完全与组织愿景保持一致	IT 团队偶尔进行产品评估，以判断其适配性	IT 团队完全与数字战略保持一致
	IT 团队严重依赖传统技术来开发新产品和服务		大多数新服务和产品都以云端服务的形式提供
	缺乏对现有生态系统的现代化改造或服务化能力建设的努力		IT 团队确保充分利用现代和创新的数字技术（如客户体验工具、人工智能、大数据工具、认知计算、高级分析、物联网）来提升客户互动
			IT 战略不断推动业务流程自动化（如工作流、文档处理、合规检查等），并利用人工智能的力量深化客户互动
			IT 团队持续评估新兴技术，以实施数字战略
业务敏捷性	上市时间较长，典型的发布周期为 6 至 8 个月	业务很少收集终端用户反馈	建立完善的敏捷流程，以响应业务需求和客户期望
	业务很少从终端用户获取反馈		持续进行竞争力基准测试和改进
			加快产品上市时间
			迅速集成和实施创新技术
			典型的产品发布周期为每月一次，并采用持续集成工具进行管理

续表

类别	初级数字成熟度	中级数字成熟度	高级数字成熟度
分析能力	缺乏分析工具	为特定渠道提供分析工具支持	完全集成的跨渠道分析，提供 360 度客户活动洞察
	依赖手动方式报告流量数据	提供基本的分析报告和数据仪表盘	支持预测性分析
			基于洞察的信息个性化、推荐系统和财务顾问功能
基础架构	仅支持本地化部署模式	采用本地部署与云端部署相结合的模式	完全基于云端，提供按需扩展能力
数据管理	数据分布在多个系统中	部分完成数据整合	通过系统化数据管理（SOR）实现集中式数据管理，涵盖客户数据、交易数据、支付数据、存款数据等
	缺乏数据管理工具	部分建立了系统化数据管理机制（System of Record，SOR）	使用数据质量工具进行数据管理
	主要是非结构化数据（如文本、电子邮件、电话、聊天记录、视频、博客文章等）		处理结构化和非结构化数据，用于高级分析，并提供客户 360 度视图
	存在大量重复和冗余数据		

表 10–2 提供了关于可用机遇的深入分析。

表 10–2　分类数字化机遇

类别	数字化机遇	业务影响	客户影响	总体优先级
用户体验	使 UI 支持移动端	高	高	高
	提供客户和管理员仪表板	高	高	高
	提供预填最小化表单以加快注册流程	高	高	高
	减少审批流程中的步骤，并在可能的情况下自动化工作流	高	高	高
销售渠道	启用其他渠道，如投资银行、财富管理、商业银行	高	中	高
	提供自助服务，使销售人员能够自行操作	高	高	高
客户服务	提供聊天机器人（Chatbot）、VR、AR 等利基功能	中	高	高
	采用人工智能（AI）技术提供个性化推荐和财务咨询功能	中	中	中
客户互动	提供自助决策工具，如财务规划器	高	高	高
	提供更快捷、无摩擦的流程，如一键开户、一键贷款审批、最小化字段注册表单和一键注册	高	高	高

在评估阶段结束时，我们将创建数字化转型路线图、现状系统评估报告、竞争力基准报告和数字化成熟度模型。

数字化转型设计阶段

在此阶段，我们主要设计**数字化转型的关键要素**，包括**用户体验设计、系统迁移、系统集成、API 设计、服务架构、数据库设计**等。

我们已经在第 4 章详细讨论了 UI 设计，在第 5 章深入探讨了集成设计。

在此阶段结束时，我们将完成**各类设计文档和参考架构文档**。

数字化转型执行阶段

在此阶段，我们将执行上一阶段设计的具体任务。我们将开发 / 重新设计用户体验，重新设计集成模型，并迁移必要的代码和数据。所有规划的业务流程将尽可能进行数字化和自动化。能力交付采用短周期进行，以加快产品上市时间。一旦所有必要的能力搭建完成，我们将建立监控基础设施以监测服务水平协议。我们将跟踪关键绩效指标，包括用户满意度评分，流程改进评分，服务水平协议，质量报告。

数字化转型路线图

图 10–8 展示了一个示例数字化转型路线图。企业可以将其作为参考，用于制定自身的数字化转型路线图。

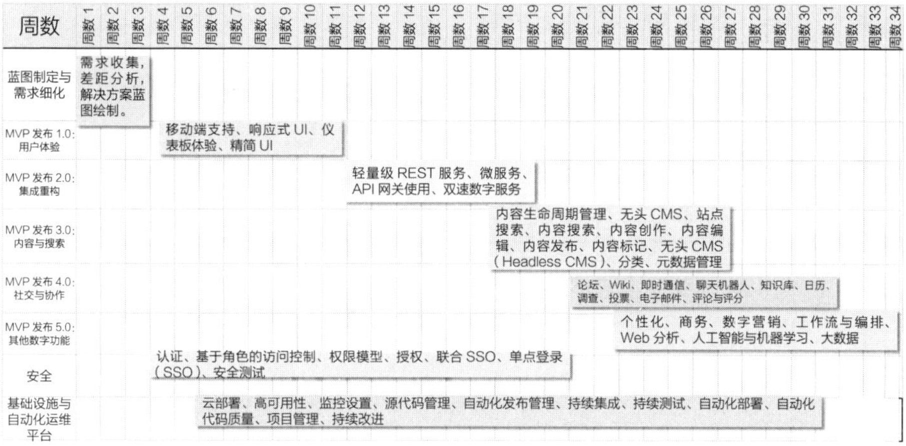

图 10–8　数字化转型路线图

重新构想数字银行体验

本节定义了重新设计银行体验所需的所有工具、方法和流程。

数字化转型工具与方法

表 10–3 提供了一些可用于数字化转型的示例工具和方法。

> 注意：
>
> 表中提及的产品和工具仅作为示例提供，仅供教育用途。该列表并非详尽无遗，也不构成任何推荐。所有产品名称、商标、徽标和品牌均为其各自所有者的财产。

表 10-3 数字化转型的示例工具和方法

数字化体验能力	主要特性	迁移的关键工具	迁移的关键方法
用户体验	移动端支持、响应式 UI、仪表盘体验、轻量级面向 Web 的架构、移动应用、表单、微网站、多语言支持、布局、便捷快速的信息发现	Cordova（跨平台开发）	使用 MVC UI 框架（Angular、ReactJS）构建轻量级小部件和个性化仪表盘
		Robotium 和 Selenium（测试自动化）	使用 UI JavaScript 框架开发动态内容 / 页面，并使用无头 CMS 处理静态内容 / 页面
		Robolectric 和 Mockito（移动应用单元测试）	将现有的静态 JSP/HTML 转换为响应式设计，使用 CSS3 媒体查询
		Bootstrap，基于 CSS3 的响应式设计	采用面向 Web 的架构
		认知搜索工具	重新设计信息架构
			实施搜索功能
集成模型	轻量级 REST 服务、微服务、API 网关使用、双速数字服务	MuleSoft、IBM ESB、Micro services、IBM BPM、Jboss BPM、TIBCO、MQ、Apache Kafka、Apache Camel、ServiceMix、WSO2、Spring Boot	对现有接口进行服务化处理
			在现有遗留服务的基础上开发细粒度微服务，以实现双速数字服务
			在容器中部署微服务，以实现独立可扩展性
社交与协作	论坛、Wiki、即时通信、聊天机器人、知识库、日历、调查、投票、电子邮件、评论和评分	Liferay SocialOffice、MS SharePoint、Skype、Adobe Connect、IBM Connections、Zoho Connect、Google G-Suite、Yammer、Jive、OpenText FirstClass Collaboration Suite、Slack、OneDrive	实施集中式知识库，并支持在知识库上进行搜索
			使用工具实现协作功能
			利用论坛和社区整合群体智慧
			集成外部社交平台，以增强用户互动

续表

数字化体验能力	主要特性	迁移的关键工具	迁移的关键方法
DevOps	源码控制、自动化发布管理、持续集成、持续测试、自动化部署、自动化代码质量管理、项目管理、持续改进	关键CI工具：Jenkins、Ansible、Hudson、Puppet、Chef、Bamboo	使用CI工具实施持续集成
		构建工具：Maven、ANT、Gradle	通过自动化工具实现自动化发布管理流程
		源码控制：Git、Bitbucket	为构建和质量报告设置通知机制
		代码质量：SonarQube、CheckStyle、Appscan、PMD	
		测试工具：SOAPUI、Junit、Jmeter、Nunit、Corbertura、Fortify、Selenium	
		容器化工具：Docker、Kubernetes	
		项目管理：Jira	
Web分析	追踪用户行为，以获取洞察信息，基于云的报告、性能监控、流量报告、退出报告	Google Analytics、Open Web Analytics、Piwik、Adobe Marketing Cloud、IBM Unica、LiveChat、WebTrends	在页面上包含必要的JavaScript代码
			将JavaScript变量填充为运行时值
内容管理	内容创作、内容编辑、内容发布、内容标记、无头CMS（headless CMS）、分类管理、元数据管理	Drupal、WordPress、Joomla、Alfresco、LiferayCMS、Kentico、Adobe AEM	将内容从文件系统、数据库迁移到内容管理系统
			创建可复用的内容布局和结构
			创建元数据策略，以支持内容标记和便捷的信息检索
			提供内容服务以实施无头CMS

续表

数字化体验能力	主要特性	迁移的关键工具	迁移的关键方法
其他数字化体验能力	搜索、个性化、商务、数字营销、工作流与编排	搜索：Elasticsearch、Solr、Lucene、Splunk、Jena	启用站内搜索，使用搜索工具实现企业级搜索
		数字营销：OpenEMM、CampaignChain、IBM Unica、Oracle Eloqua	实施基于角色的访问控制，并利用个性化技术实现定向内容投放
		个性化：Adobe Target、Google Optimize 360、HubSpot、Marketo	通过电商插件启用商务功能
		工作流：Activiti、JBoss JBPM、Copper、Camuda	通过数字营销推广营销活动
			使用工作流和编排工具实施业务流程
安全性	认证、基于角色的访问控制、权限模型、授权、联合 SSO、单点登录、安全测试	SSO：Okta、OpenSSO	使现有接口具备服务能力
		认证：CAS、OpenAM	在现有的传统服务基础上开发细粒度微服务，以实现双速数字服务
		安全测试：OWASP Zed Attack Proxy（ZAP）	在容器中部署微服务，以实现独立的可扩展性
		标准：OAuth、OpenID、SAML	
人工智能与机器学习	自学习、持续改进、文本分析、预测分析、聊天机器人、虚拟助手、智能推荐引擎、机器人顾问、流程自动化	NLP：OpenNLP	训练模型，使用机器学习算法
		关键工具：H2O.ai、Apache PredictionIO、IBM Watson、Google TensorFlow	利用 AI 和 ML 工具，实现推荐系统、搜索和聊天机器人
		API 平台：API.ai、Facebook Messenger 平台、Botsify、Telegram 机器人、Botkit、ChattyPeople	

续表

数字化体验能力	主要特性	迁移的关键工具	迁移的关键方法
大数据	结构化和非结构化数据处理、实时数据洞察	大数据处理：Apache Spark、Apache Hadoop	实施 MapReduce 框架以处理大数据
		NoSQL 数据库：Apache Cassandra、MongoDB、CouchDB	通过大数据技术处理结构化和非结构化数据（如文本、电子邮件、视频等），以获得 360 度的数据洞察
		搜索：Splunk	

> 本章总结

- 银行体验平台的核心原则包括以用户为中心的体验重塑、客户洞察收集、优化业务模式、利用现代数字技术和数字开放生态系统。
- 数字银行的核心属性包括支持多渠道、自学习与持续改进、新集成的支持、开放平台、随时随地的移动化和下一代通信。
- 可用于构建银行体验平台的关键 DXP 功能包括企业级集成、稳健的平台架构、低定制高配置、与银行生态系统的契合度、功能支持、用户体验、内容管理和安全性。
- 银行业的主要技术趋势包括人工智能、区块链、加密货币、API 和微服务、游戏化、VR 和 AR、物联网（IoT）。
- 银行业的主要业务趋势包括基于众筹的 P2P 借贷、数字优先银行、支付银行、数字钱包和社交媒体银行。
- 银行体验平台的技术参考架构由多个模块组成，包括精简门户服务、展示层服务、用户体验增强服务、个性化服务和分析服务、搜索服务、社交与协作服务、工作流与编排服务、营销活动管理、自学习服务和市场推广服务、数据管理服务和内容管理服务、安全服务、交付支持服务以及基础设施与运维服务。
- 银行平台的功能参考架构包括可视化模块、社交与协作模块、管理模块、贷款模块、投资模块、核心银行服务模块、商业智能和报表模块、分析模块、营销活动模块、内容管理模块和数据管理模块。
- 传统银行数字化转型的主要方法包括对现有银行系统进行数字化和重新构想数字银行体验。
- 对现有银行系统的数字化通过以下方法实现：提供全渠道能力、银行业务模型数字化、用户体验的数字化升级、服务赋能、自动化、双速数字化赋能、标准化与集中化。
- 重新构想数字银行体验包括数字化机会评估阶段和数据管理等阶段。

- 数字化成熟度评估的关键评估领域包括组织文化、业务流程、领导力、治理、用户互动、协作与社交媒体互动、IT 对齐度、业务敏捷性、分析能力、基础设施和数据管理。

第 11 章
端到端 DXP 案例研究

本章讨论端到端数字体验平台案例研究。我们选择一个 B2B 的场景，以展示数字体验平台如何应用于各种场景。在案例中，我们将讨论详细的需求、数字体验平台解决方案的适配情况以及如何实施。

我们选择了一个车辆经销商管理解决方案作为案例。

经销商平台案例研究的驱动因素和关键需求

以下是下一代经销商管理数字平台的主要驱动因素：

下一代的用户体验，提升参与度并减少复杂性：

- 数字平台应提供一致的、全渠道的、个性化的用户体验，覆盖所有接触点。
- 数字平台应为经销商、销售人员和支持人员提供自助服务工具。
- 用户应当可以在任何时间、任何设备上进行操作。
- 确定并提升客户参与度的关键绩效指标。
- 支持经销商、客户、销售和营销团队之间的协作。

业务流程改进：

- 数字平台应减少收集全部所需信息的整体时间。
- 实现与各种后端系统和服务的无缝集成。
- 减少销售周期时间。
- 改进销售流程和服务跟踪流程。

信息管理改进：

- 提高潜在客户 / 潜在机会数据质量，提高收入计算数据的质量。

- 升级与订单和服务管理系统的集成。
- 优化与销售、服务、营销和客户关系管理相关的业务流程。

客户满意度提升：

- 通过提供支持所有渠道的无缝销售和服务体验，提升客户体验。
- 改善经销商体验和生产能力。

可扩展且强大的平台：

- 开发一个现代化的平台，能够满足未来需求并支持经销商运营的扩展。

构建下一代经销商平台

本节将讨论下一代经销商数字平台架构设计的各个阶段。

当前系统和流程的痛点分析

经销商平台数字化转型的第一步是识别现有系统中的所有挑战和痛点，如表 11–1 所示。

表 11–1　痛点分析

用户角色	痛点
经销商	· 经销商在进行若干更改时，需要重复整个流程 · 无法接入电子签名 · 存在太多不必要的应用程序 · 经销商无法通过系统识别信息的优先级 · 应用程序流程和经销商实际使用流程不匹配 · 未遵循统一的 UI 标准，内部创建的应用程序界面风格不一致 · 缺乏供应商的统一标准 · 无法在需要时“提醒”经销商需要做什么 · 导航菜单和信息结构不够直观 · 缺乏上下文搜索功能
管理员	· 应用程序缺乏强大的实时错误检查 / 验证功能 · 存在大量手动流程，需要跳转到多个应用程序才能完成单一业务流程 · 无法轻松上传需要的图片 · 无法自定义应用程序的位置 · 没有正式的流程来删除或更新信息 · 无法识别信息的优先级 · 信息无法自动填充 · 界面外观过时

续表

用户角色	痛点
客户	· 现有系统完成流程所需时间过长 · 存在大量手动操作，显得过时 · 流程中收集过多冗余信息 · 缺乏个性化和上下文信息 · 难以快速找到相关信息 · 用户需要访问多个应用程序才能完成单一业务流程

下一代经销商平台的解决方案原则

基于上述痛点分析，下一代经销商平台的关键解决方案的原则如表 11–2 所示。

表 11–2 解决方案原则

解决方案原则	解决方案描述
支持多平台的响应式网站	· 响应式应用程序，可以通过桌面或任何移动端设备访问 · 支持多语言以实现本地化
通过简化流程和引入新技术提高整体效率	· 应用程序流程和经销商实际使用流程匹配 · 在原始设备制造商系统和经销商 CRM 系统中保持客户信息的一致 · 单点登录，便捷访问企业范围的全部应用程序 · 优化应用程序组合，淘汰冗余重复流程的应用程序 · 实时错误检查 / 验证功能
通过更新或者扩展等方式提升沟通效果，例如重新设计的消息、电子邮件、在线聊天、用户级别的警报和通知	· 支持聊天、博客、社区、维基、警报 / 通知需求 · 提供双向沟通渠道，支持在线帮助和聊天功能
提高平台的可用性	· 即使在非工作时间，应用程序仍可使用 · 灾难恢复策略，通过备份站点进行恢复 · 负载均衡策略，将事务负载分配到多个服务器
提升系统内导航体验	· 直观的 UI/UX 体验 · 个性化体验，如自定义视图、自定义仪表盘和类似应用商店的功能
提供强大的搜索功能	· 提供上下文企业搜索功能 · 快速且便捷地检索相关信息

续表

解决方案原则	解决方案描述
集成内容管理	· 提供一致且无缝的信息，确保客户在原始设备制造商系统、经销商及第三方销售渠道中随时使用
收集使用分析，持续改进	· 经销商销售绩效和客户满意度指数监控 · 经销商对新产品和应用功能的调查
利用最佳实践进行架构、设计、开发和测试	· 标准化的集成要求，统一的 UI 标准，与供应商站点兼容 · 可扩展且高效的应用平台
减少定制化代码	· 应用组合的优化 · 保持扩展性，具有增加新内容和功能的能力
可以良好扩展新业务模型的发布和支持	· 支持移动设备工作流 · 基于远程信息处理的订阅产品
可以无缝扩展融资和租赁选项	· 在线信用申请 · 在线融资和租赁支付估算

下一代经销商平台提供的解决方案的原则和特性如图 11-1 所示。

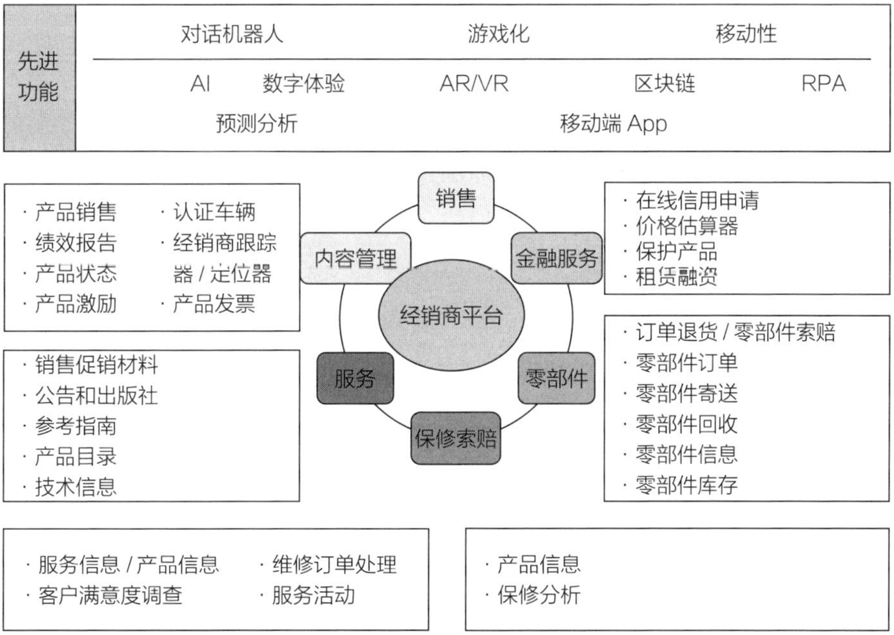

图 11-1 经销商平台解决方案的原则和特性

解决方案设计原则

关键的解决方案设计原则见表 11–3。

表 11–3 解决方案设计原则

解决方案设计原则	核心实施要点
持续可用	· 设置监控基础设施和实时告警机制 · 进行扩展性测试和可用性测试 · 对于内部部署，实施多节点集群以实现故障转移 · 利用云服务部署 · 设置灾难恢复机制 · 实施故障转移机制
验证标准和行业最佳实践	· 利用公开标准进行开发，以确保可扩展性 · 采用行业最佳实践，以提高性能和安全性 · 创建检查清单并审查准入标准，以确保遵循标准和最佳实践
合规	· 编制所有与法规和法律政策相关的要求（例如，安全相关的法规、数据保留相关的政策等），并确保进行相应的测试
模块化和灵活设计	· 尽可能选择标准化和开源技术与产品，避免厂商锁定 · 实施分层和松耦合架构，每一层有独立的责任 · 创建模块化的解决方案组件，便于扩展
高可用性	· 设立可用性的标准 · 对所有支持的浏览器和设备进行可用性测试 · 提供上下文帮助、常见问题解答和上下文菜单 · 提供直观的信息架构和用户友好的导航结构 · 提供一致的用户界面。 · 提供所有界面的搜索功能
面向服务的架构	· 统一公开和消费服务 · 实施轻量级的基于 REST 的服务，以便于外部服务集成
质量	· 采用双方同意的 SLA 指标，例如可扩展性、可用性、性能等 · 进行迭代测试以验证所有的 SLA · 设置监控基础设施，实时监控 SLA
安全	· 实施分层安全 · 创建安全检查清单并用于审核 · 进行迭代安全测试
精简的面向 Web 的架构	· 基于最新的 JavaScript 框架开发精简的 UI 界面 · 提供易于使用的 UI 仪表盘，提供统一集成的所有信息视图 · 构建轻量级的 UI 小部件，而非较重的服务器端组件

图 11-2 展示了一个具有多种功能的下一代经销商平台。

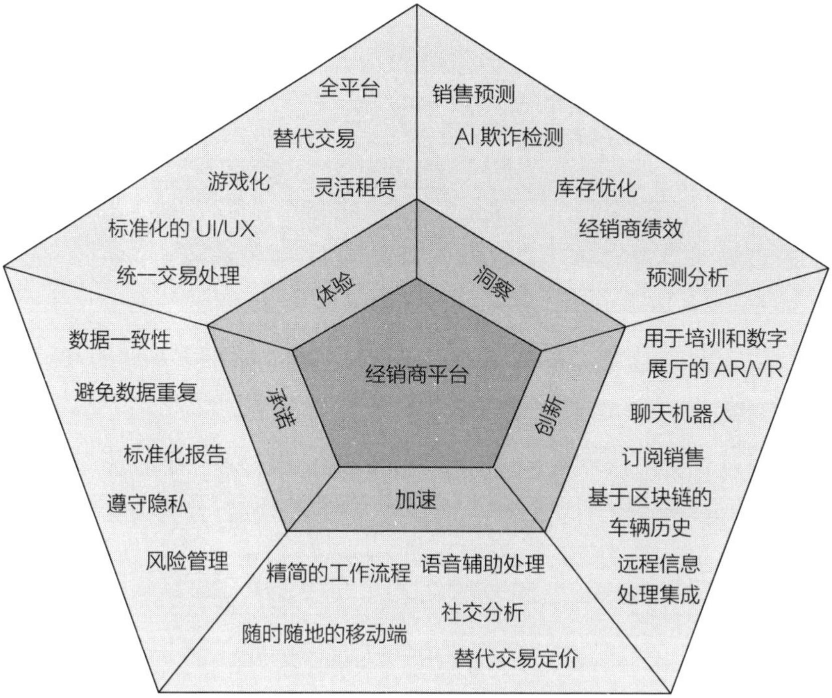

图 11-2　下一代经销商平台功能

基于角色的信息架构

为了提高信息的可用性，并提升用户体验和查找效率，新的经销商平台基于角色实现功能。用户界面提供了覆盖用户角色需求的仪表板。基于角色的功能映射如图 11-3 所示。

基于角色的设计和信息架构

以用户为中心是数字体验平台设计的主要目标。解决方案架构、用户界面设计和信息架构都以最终用户为中心进行设计。“基于用户角色的设计”是用户界面设计的关键要素之一。用户角色代表了一群具有相似需求、相似行为和相似信息诉求的用户，他们有类似的工作模式。我们的数字解决方案将

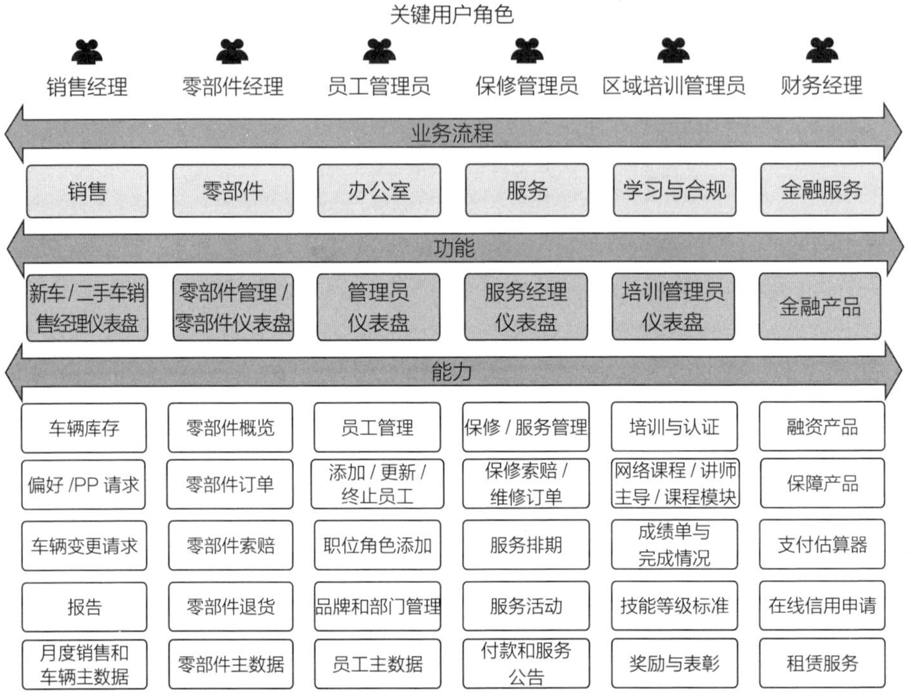

图 11-3　基于用户角色的功能映射

区分所有用户角色，以帮助我们确定整体用户界面设计、信息架构和 DXP 功能。在表 11-4 中，我们识别了一些用户角色，并将它们映射到 DXP 功能上。

表 11-4　用户角色和 DXP 功能需求

信息目标	日常任务和导航行为	所需的 DXP 功能
销售经理角色		
销售经理希望拥有一个集成平台，能够集中查看所有的车辆销售报告、车辆变更请求报告以及车辆库存信息，并希望通过这个平台进行数字化销售	用户使用在线销售仪表盘来访问车辆库存和其他与车辆相关的销售信息。用户可以创建一个定制的、个性化的仪表盘，快速访问所有销售信息。 用户还可以更改界面外观，并根据个人喜好进行个性化设置。用户希望能够快速找到信息，减少页面跳转	个性化仪表盘可以通过多个终端（如移动端或桌面端）访问，支持灵活配置，使用户能够自定义视图，仅显示常用的金融功能，便于业务跟踪。 定制的个性化提醒可为用户提供有关金融交易的实时更新。 提供跨平台和响应式的用户体验，使用户能够随时随地管理交易，轻松有效地管理财务。DXP 应提供个性化的用户界面，具备上下文搜索功能和自助服务功能

续表

保修管理员角色		
保修管理员处理多个操作领域，如服务管理、理赔、维修、订单、活动和支付，目前需要通过多个应用程序来查看日常操作状态	用户希望拥有一个集成平台。用户希望获取有关理赔、维修、订单、活动和支付信息的实时和可配置报告	DXP 应提供集成的仪表盘视图，从不同系统中提取数据，为用户提供对所有操作的端到端视图和可以按需调整的个性化界面。 DXP 应提供可配置和可定制的报告功能，以有效监控操作。 DXP 应提供可定制的视图，允许添加 / 删除 UI 小部件
区域培训管理员角色		
区域培训管理员希望重用组织的内部知识库来提供用户培训和认证。 区域培训管理员希望使用集中式的知识库进行基于 Web 的培训。 区域培训管理员还负责实施奖励和培训认可计划	用户使用集中式内容管理系统访问培训内容和课程材料。 用户利用平台的游戏化功能促进学习	DXP 应提供实时协作功能，如聊天、博客、维基、即时通信和信息共享平台 DXP 的内容管理功能应被用于创建知识库，并提供高效的信息发现搜索功能

下一代经销商平台的功能视图

下一代经销商平台的功能视图如图 11–4 所示。

下一代经销商平台需要各种前瞻性功能，如人工智能、聊天机器人、预测分析、移动端、AR/VR、区块链等。

该平台需要多个功能模块来管理零部件（订单、定价、库存）、销售（数据、库存、激励、跟踪）、财务（车辆金融、经销商结算等）、保修（退货与维修、理赔）以及服务（服务信息、客户满意度调查等）。

DXP 的内容管理能力用于实现以下功能：

- 销售促销材料：销售团队可以创建促销内容，并将其分发给特定用户。
- 公告和出版物：与经销商共享最新的特定车辆服务公告和其他出版物。
- 产品目录和参考指南：原始设备制造商可以通过标准化或定制的内

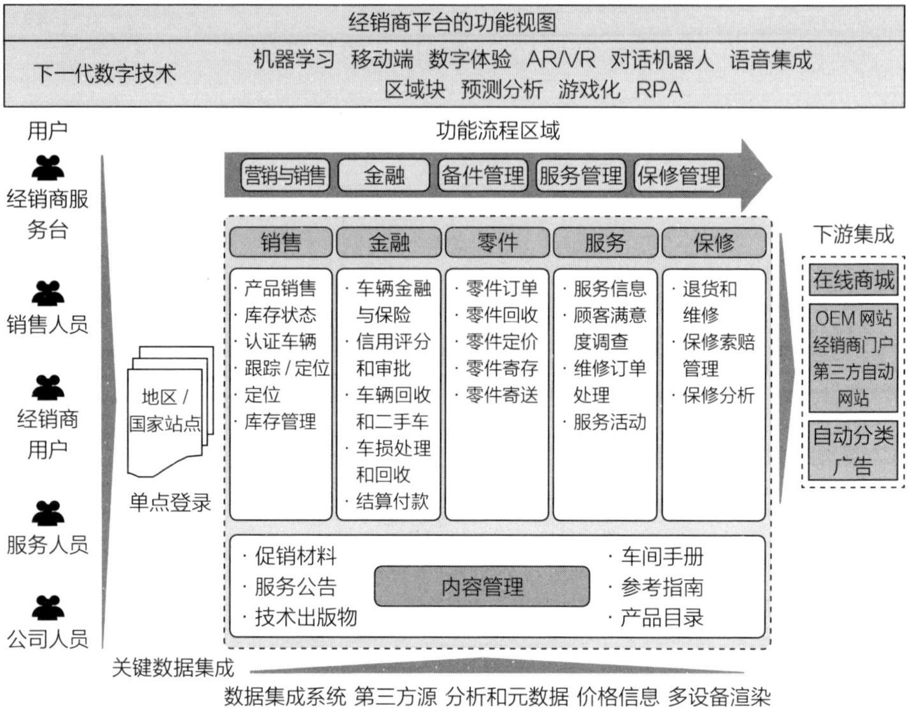

图 11-4 功能视图

容无缝地与经销商沟通销售促销、产品信息等。

- 技术信息：帮助培训经销商人员掌握平台的技术方面，从而加快产品的推出。

无缝且优化的业务流程

为了应对现有业务流程中的挑战，下一代经销商平台进行了优化，提供以下功能：

- 一站式交易处理和单击提交多个文件的功能，便于经销商操作。
- 来自多种设备（移动设备、iPad、桌面）的实时激励查询。
- 在提交交易时实时验证激励，以避免提交后的变更和对账问题。
- 实时更新文件状态。

图 11-5 显示了端到端交易处理流程的优化示例。

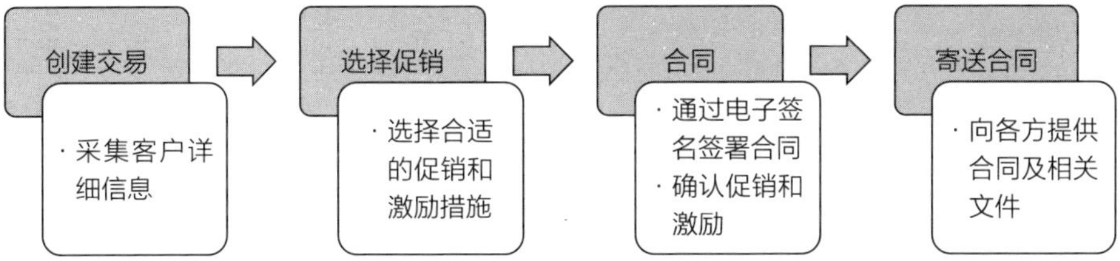

图 11-5　交易处理流程优化

基于开源技术的下一代经销商数字平台

下一代经销商数字平台建立在开源技术之上，平台的指导原则列在表 11-5 中。

表 11-5　指导原则

原则	优势
利用开源组件	利用 Angular JS、Bootstrap、Springboot 等开源组件。 带来灵活性、敏捷性、开发速度并降低成本
基于微服务	事件驱动架构 / 领域驱动设计。 微服务可以单独扩展和模块化，提供高可用性和高性能
基于 API	提供基于 REST 的 API，抽象应用程序的内部细节。这些 API 形成了供其他应用程序调用的标准方式
12-Factor 应用原则	支持"软件即服务"原则，带来可扩展性、弹性、持续交付、可维护性和信息安全性
支持云部署的可扩展架构	采用微服务架构和微前端架构，可以轻松迁移到云平台（平台即服务模型）
保持安全性	对全部端到端的流量进行传输加密；对其余数据进行针对性加密处理
自动化支持	在开发和部署过程，以及应用和业务流程中，实现自动化的持续集成。将 API 视为一种服务，而非手动重复工作
从一开始就考虑服务质量要求	在工程文化中，将可用性、性能、可扩展性、可发布性和可支持性等作为关注点，而不是事后才考虑

经销商数字平台的逻辑架构如图 11-6 所示。

图 11-6 经销商平台逻辑架构

满足需求的各种解决方案组件映射见表 11-6。

表 11-6 解决方案组件的映射

逻辑组件	描述	候选组件
安全	安全解决方案	LDAP，SAML 组件
搜索	企业内容、导航搜索能力	Apache Solr，ElasticSearch（用于特定领域的搜索）

续表

逻辑组件	描述	候选组件
微服务	开发和管理微服务的工具、框架	SpringBoot 和 Docker 提供快速开发和微服务部署的优秀特性。当需要迁移到云服务时，微服务设计模式将提供便捷的集成，如智能路由、服务熔断、配置管理、客户端负载均衡等
内容管理	企业内容管理的解决方案	Drupal CMS：考虑到由无头 CMS 和系统稳定性带来的强大功能，Drupal CMS 是首选
自助式商业智能	创建、共享简单 / 复杂报表的工具，支持预定义、临时和自助服务	Jaspersoft 和 Pentaho 是开源产品。Jaspersoft 适合简单的报表，Pentaho 具有商业智能报告能力
UI/UX	用户体验工具 / 框架	自研时使用 Angular JS，其提供的灵活性以及在快速变化的 UI/UX 技术环境中更易于更换框架 / 库
API 网关	面向服务提供的所有渠道的网关	Kong，Tyk，DreamFactory
DevOps	DevOps 的工具 / 框架	Maven / Jenkins
分析	数据分析解决方案框架	Google Web Analytics
源代码管理	用于维护源代码	Git，SVN，BitBucket
功能测试	测试代码的功能特性	Junit
性能测试	执行性能测试	JMeter

关键解决方案组件详细说明如下：

用户界面开发

下一代经销商数字平台需要一个直观的用户界面，可以为用户提供良好的互动体验。因此，我们建议开发响应式单页面应用程序（SPA），并采用响应式网页设计技术，使用 HTML5、Angular、Bootstrap、CSS 和 Angular Material Design 进行开发。核心原则是将数据与表现分离。SPA 通过调用 API 获取所需内容并进行渲染，以实现响应式设计。诸如国际化 / 本地化等功能可以通过使用类似 i18Next 的框架来实现。

特定领域的微服务

由于平台将随着时间的推移进行迭代，因此持续交付业务价值非常重要。我们可以利用微服务，按照特定领域和子领域进行业务解耦，使得业务功能可以独立开发，并且可能在转型之前与其他遗留功能共存。

每个微服务将拥有自己的独立区域，包括数据源。使用 Docker 容器化技术，可以确保在不同环境和平台之间的可移植性。对于 Java 服务，将利用 Spring Cloud 库来实现各种微服务模式，如服务发现、客户端负载均衡、令牌转发、服务熔断和智能路由。在有条件的情况下，平台服务将优先选择语言特定的库。根据具体微服务的需求，将从平台提供的关系型数据库、NoSQL 或对象缓存存储中选择合适的数据存储方案。

Drupal 无头 CMS

无头 CMS 是一种仅有后端的 CMS，作为一个内容存储库从零开始构建，通过 RESTful API 使内容可以在任何设备上展示。像 Drupal 这样的 CMS 解决方案提供的无头 CMS 功能通过 API 传递内容，这些解决方案也可以托管在云服务。丰富的 UI 应用程序将利用这些 API，在下一代经销商系统中提供内容管理功能。内容将通过 API 网关进行访问和检索。身份验证和授权将使用像 SSO、SAML、OAuth、访问令牌等安全机制来完成。

经销商平台的创新和下一代技术

表 11–7 列出了可用于经销商平台的创新技术和前沿数字技术。

表 11–7　经销商平台的下一代技术

技术	描述	适用场景
聊天机器人	使用聊天机器人开展经销商与客户间的互动	1. 查询汽车型号和库存情况。 2. 询问复杂业务流程（如零部件订购）的流程步骤
移动端	在智能手机和平板电脑上支持重要页面和功能	1. 经销商仪表板、车辆查询等功能。 2. 为经销商和销售团队提供可配置的主页

续表

技术	描述	适用场景
游戏化	运用游戏机制和游戏化的设计，激励用户实现目标	1. 创建经销商仪表板和销售仪表板，展示评分和排名，激励经销商和销售团队。 2. 提供实时绩效指标视图
数字体验	为所有参与用户提供一站式的用户体验	1. 提供一站式交易流程，包括定价、申请和交易关闭。 2. 关键业务流程实现自动化
预测分析	通过在销售和服务生命周期的每个关键点识别改进机会，提升客户体验	1. 利用预测分析，基于销售数据主动预测零件库存。 2. 分析车辆服务流程和保修 / 理赔流程的服务水平协议，识别关键问题瓶颈
自动化集成系统和仪表板	与各个业务功能（如零部件订购、服务、保修）无缝集成并优化数据体验	1. 提供经销商仪表板，显示潜在客户、保修、客户满意度得分。 2. 提供销售仪表板，显示按区域划分的销售情况及相应的图表
人工智能	利用 AI 增强聊天机器人，实现重复性工作的自动化，并通过 AI 从现有数据洞察规律	1. 分析保修和理赔数据，识别按区域划分的销售和潜在客户。 2. 为经销商增加语音查询功能。 3. 分析服务评分和客户投诉，了解业务流程中的问题
区块链	使用区块链技术确保信息在各利益相关者之间的透明性	1. 利用区块链跟踪车辆零部件在原始设备制造商、经销商和客户之间的流转。 2. 使用区块链技术获取完整的车辆所有权和服务历史记录
AR/VR/MR	利用 AR、VR 和 MR 技术提供面向未来的解决方案	1. 使用 AR/MR 进行远程技术支持。 2. 利用 AR/VR 进行经销商培训

本章总结

- 本案例研究针对车辆经销商管理的 B2B 场景。经销商平台的关键驱动因素包括下一代用户体验、业务流程改进、信息管理优化、客户满意度提升，以及构建一个可扩展且强大的平台。
- 为构建下一代经销商平台，我们需要进行痛点分析，定义解决方案原则，制定解决方案设计原则，并基于用户角色开发信息架构。

- 下一代车辆经销商平台的整体解决方案架构应定义功能视图，创建无缝和优化的业务流程，利用开源技术，识别与关键功能组件对应的解决方案组件，并运用创新。